读我系列

INSIST
ON

文长长　著

我哪懂什么
坚持,
全靠死撑

古吴轩出版社

中国·苏州

图书在版编目（CIP）数据

我哪懂什么坚持，全靠死撑 / 文长长著 . —苏州：
古吴轩出版社，2016.9（2018.5重印）

ISBN 978-7-5546-0733-6

Ⅰ.①我…　Ⅱ.①文…　Ⅲ.①成功心理—通俗读物
Ⅳ.①B848.4-49

中国版本图书馆 CIP 数据核字（2016）第 187093 号

责任编辑：蒋丽华
见习编辑：顾　熙
策　　划：刘　吉
封面设计：韩庆熙

书　　名：**我哪懂什么坚持，全靠死撑**
著　　者：文长长
出版发行：古吴轩出版社
地址：苏州市十梓街458号　　　邮编：215006
Http：//www.guwuxuancbs.com　　E-mail：gwxcbs@126.com
电话：0512-65233679　　　传真：0512-65220750
出 版 人：钱经纬
经　　销：新华书店
印　　刷：北京盛彩捷印刷有限公司
开　　本：900×1270　1/32
印　　张：8.75
版　　次：2016年9月第1版
印　　次：2018年5月第2次印刷
书　　号：ISBN 978-7-5546-0733-6
定　　价：36.00元

如发现印装质量问题，影响阅读，请与印刷厂联系调换。010-88856211

死撑到底，你就赢了！

努力的人总要走一段孤独的路

　　第一次读到文长长的文字，在刚巧悠闲的午后，阳光从脖颈蔓延到后背，长长的故事在眼前铺开来，渐渐呈现出一个倔强的形象。我感慨这是个多努力也多清醒的姑娘，她把自己的经历娓娓道来：坚持在大学中做一个上进的人，如何把文字从爱好写成职业，在一场高质量的爱情中成为一个更好的人……这个姑娘的一篇文章令我印象深刻，《从今天开始，不再活在别人的期待里》，她写着自己与周遭格格不入却依旧坚持梦想的生活。独行的故事总能击中我的心窝，那篇文章的开场白，是同样也激励着我的一段话，伍绮诗的《无声告白》里有这样一句话："我们终其一生，就是要摆脱别人的期待，找到真正的自己。"

　　我在回忆起自己的奋斗经历时，发现孤独占据了那段时光的大半空间。我一个人背着重重的行李出国，一个人居无定所、四处漂泊，一个人在凌晨走在打工的路上，一个人吃冰冷而寂寞的晚饭，一个人在灯下写字等待黎明的到来……这样的孤独，无数次变成失落降临在生活里，却也变成了一种成全，让那一天好过一天的日子，就在这属于一个人的执着不懈中，踏踏实实地走来了。

大概我和长长都是属于励志体质的女孩子，有过这样一个人抵抗孤独闷声拼搏的日子，所以读起她的文字，我觉得格外亲切。长长的这本书，谈爱情、梦想、生活，都是从自己和周边朋友的真实经历里，发掘出细小而真实的道理，热烈又温情。除了长长写下的自己——那个看似与周遭格格不入，暗地里和负能量做斗争，宁愿孤独也勇往直前的倔强姑娘，她在更多文章中写下的文字，也都是我一直以来所坚信的道理。她温情地说："失恋是一场重症感冒，但总有痊愈的那天。"她真诚地讲："你一定要努力，但千万别着急。"她告诉我"我哪懂什么坚持，全靠死撑"，也清醒决绝地写下"只有我们能够决定自己的样子"……

在这本写给追梦年轻人的书中，长长不仅诚恳地分享了自己的奋斗，也大方讲述了自己的困惑，告诉我们这就是一条成长的道路，需要不断用希望去代替绝望，披上坚持，戴上勇气，哪怕这一条路处处艰险，付出孤独的代价，也要拼尽全力去试一试，看自己能够成为怎样的英雄。而总有一天，这从青春那条路上走来的更好的你，就是对回忆最好的铭记。

　　一直以来非常喜欢这样一句话："我只是不希望任何人在大限未到之时就提前死去。"希望长长的文字可以鼓励所有的年轻人，要用尽全力去实现心底的梦想，不要辜负那美好的人生，而在这条追梦之路上，也许苦难会占据绝对的篇幅，可那正是因为努力的人总要走一段孤独的路，这条路的尽头叫梦想。

杨熹文

2016年6月1日

于初冬的新西兰

目 录

PART 1 女孩柔弱，却要用力生活

PART 2　我哪懂什么坚持，全靠死撑

PART 3　嘿，不要用过去套住未来

PART 4　你若无聊，那就没得聊

PART 5　与过去告别，哪怕情深意重

PART 6　爱我的人，请你炫耀我

PART 7　未来是靠自己撑起来的

PART 1
女孩柔弱，却要用力生活

△

我 哪 懂 什 么 坚 持 ， 全 靠 死 撑

努力的姑娘，就该得到命运的垂青

01

女孩柔弱，却要用力生活，因为我们自己决定自己的样子。

昨天，去车站接她。一年没见了，她真的变化好大，变瘦了，变漂亮了，变得有气质了。此刻的她，给我一种顽强的感觉。

高三那年，我认识了她。

那时，我们租的房子离得很近，我在七楼，她在六楼。然而，我们的交集并不是很多。记忆最深的就是，我每次回去很久了，才听到她"咚咚咚"的上楼声。

每天早晨五点半，我起床，然后去上早课，竟然从没有碰见过她。通常，我刚刚走到教学楼的下面，就能听到她大声朗读的声音。

她起得比我早，睡得比我晚。那时，我的闺密是她的同桌，我无意间说过好几次关于她的事，闺密对我说："她真的是一个很拼的女生，每天不停地做真题、背单词，时间安排得井井有条。"

她很努力，可是成绩进步并不大。

我曾问闺密："她考差了会难过吗？"我总觉得，不管什么样的挫败，都影响不了她的初心，她看上去真的好努力。

闺密说："在高考面前，哪有真正淡定的人啊！上次，她考差了，偷偷哭了一节课。过后，还是照样努力。她一直咬着牙在坚持，硬撑着。"

"她真坚强！"我说。

最后，高考结果出来了，她考上了一所二本院校。那天，她还很真诚地对我们说着"恭喜"和"祝福"，我猜她内心肯定很难过，只是硬撑着而已。

在填志愿的时候，我们女生大多数遵循"离家近"的原则。十七八岁的女孩，我们都怕离家太远，我们对未来的一切还是有所顾虑的。可是，她坚定地报了海南的一所学校。

上大学后，我们偶尔会联系一下。她跟我讲热带城市的天气和好玩的事，我跟她讲我们学校的点点滴滴。对比之后，我感觉自己的生活真是太平淡了。

我挺羡慕她丰富多彩的生活，去一个生活方式、习俗完全不同于家乡的地方，甚至连气候也都不一样，去感受那里的热闹和特殊，去看海，去沙滩奔跑，去和椰树合影……我似乎缺少她的勇敢。

02

后来，渐渐变忙了，我们的联系也少了。

大一时，每天我就是上课，然后回宿舍睡觉，似乎是要把高三那年缺的觉都补回来。因为懒，不喜欢到处逛，也没有做兼职锻炼自己的念头，我除了睡觉，就是追剧。

与此同时，她却一直在努力着。我偶尔看到她在QQ空间上传的照片——热带的城市里几个青春靓丽的女孩穿着工作服的合照，合照里面的她瘦了、美了。后来，我知道了更多。她在做家教，带一个小学四年级的小男孩，周末还在一个旅游景区兼职——在一个小饰品店帮忙卖东西，那个老板很好，她还告诉我第一次用英语回答游客问题时的紧张和结巴，以及那位美国游客对她的称赞。

大一下学期，她跟我说："我已经自己挣到了大二的学费。"

再后来，我看到了她去更多旅游景点的照片。其间，她还去当过一次群众演员。她拿到了导游证，又去当实习导游，带人出去玩，顺便挣点零花钱，积累了工作经验。

我跟她说："你现在的生活，每天都好新鲜，好让我羡慕啊！"

她说："苦中作乐吧！"

她告诉我，其实那种看上去很美好的生活，也是很辛苦的。她每天去做兼职，遇到的不只有她告诉我的那些好玩的事，还有很多辛苦的事，老板会训斥她，顾客会冲她翻白眼……

每天到处跑，她也很累，也想舒服地躺在沙发上，喝着冰镇饮料，看着热播电视剧，可她觉得不能这样活。

她家里条件不算特别好，懂事的她，总想替父母多分担一点。长大了的她，希望通过自己的努力让父母不再那么辛苦。

在高三时，她拼命做练习题；现在，她用力生活，勇敢地让自己成长。初衷是一样的，她只是想让自己过得更好点，只是想替父母多分担点，她从来只是坚持为自己想要的东西去努力。

03

有人说："别傻了，'朋友圈'晒的不是你的生活。"但我觉得，在"朋友圈"里面晒的，是我们生活的一部分，或者说是我们想要过的生活。

就像她，她从来不在"朋友圈"里晒她吃过的苦，她的"朋友圈"给人的感觉就是，她很顺利，她的生活丰富多彩。丰富多彩，的确是她生活的一部分，但她没展示的那部分苦，她独自品尝。与别人分享美好的事，与其说是为了晒给别人看，倒不如说是为了用这些美好，鼓励自己继续努力，继续当个顽强的姑娘。

她在"朋友圈"里说："今年过年，我还是不回去了。倒霉了好久之后，运气终于来了。游艇接待兼职面试成功，今天试出海也很顺利，没有晕船。接下来，从八号到十四号，我要每天出海三次，就当玩咯！坐一次游艇，三小时，赚一万元。"

大年三十，她好好犒劳了自己一下，一个人吃了一顿丰盛的大餐。大年初一，她又开始工作了，继续跟着游艇出海。我每天都能看到她拍的各种出海的照片，她很开心地说："这次兼职赚了很多，虽然辛苦，但很满足。"

照片里的她，明显变黑了，可在夕阳衬托之下，我突然觉得她好美。

在我心中，她是真正的美女，我爱上了她外表之外的东西。

我跟闺密说："我想把她的故事写进我的书里。"闺密说："是该写她，她身上有好多值得我们去学习的东西。"

一个跟我差不多大的姑娘，去离家那么远的海南上学，气候和文化的差异，不仅没有难住她，反而让她越来越坚强，越来越强大。她没有跟我聊过刚去那边时的不熟悉和想家时的难过。她将这些苦涩悄悄地埋在心底，化作支撑自己的力量。

现在，她在一家大公司实习。她跟我说："如果不出意外，毕业后，我就能留在这里。"我说："恭喜你，这是你该得的，努力的姑娘，就该被命运垂青。"

04

当命运不那么垂青我们时，还要努力吗？

前段时间，看《滚蛋吧，肿瘤君》，我哭得稀里哗啦。我被熊顿的坚强和乐观感动了，病魔在为难她，她一样能够说出："你得相信上帝给我们安排的每一次挣扎都是有目的的，跟死神亲密接触的机会都没有过，那才叫白活了。"为什么要安排我们生病？那是因为要提醒我们，人生只有一次，所以要珍惜。

顽强，并不是要我们去战胜多大的困难，也并不是要我们去跟恶魔战斗，而是认真地去生活，不要被生活抛给我们的困难打败。即便我们输了，也要站起来大声说："你可以打倒我，但你永远战胜不了我。"

前一晚我们可以哭得稀里哗啦，第二天依旧要穿上美丽的裙子，打扮得美美的，带着好心情，继续去战斗，我们还是坚强的美少女战士。

作为一个女生，想要单枪匹马地在这个世界上拼出一条路，真的很难。我们不能因为难而放弃努力。正是在一次次磨练中，我们变得更顽强。做一个顽强的姑娘，不单单是为了让世界喜欢，而是为了向这个世界证明：我不怕你。

你不可能总拿一手好牌

01

我跟朋友聊天，聊着聊着，她突然很伤感地说："我现在没有一件事是顺利的，爱情、学业和前途，都是混乱的。"

她喜欢一个男生，却迟迟等不到他的回应。马上要毕业了，她还不知道毕业之后干什么，晚上还会失眠，她觉得自己诸事不顺。

我说："慢慢努力，慢慢熬，总会变好的。"

朋友说："我很羡慕你现在的状态，清楚地知道自己想要什么，总是那么顺风顺水。"

可是，我也有被发到差牌的时候，只是我一直坚信否极泰来。

02

我最喜欢的一个故事是《塞翁失马》。"塞翁失马，焉知非福"，一件坏事，不一定只是坏事，在一件坏事的后面紧接着的，可能就是好事。

这个故事，从小学陪伴我到现在，其中的道理我依然是坚信的。

读高中那会儿，每次数学考得很差，我难过十分钟之后，总是安慰自己说："没事的，这虽然是一件坏事，但这次考差了，接下来我好好努力，下次我肯定能够考得很好。"

然后，我一边努力学习数学，一边用这个故事继续安慰自己。这不是自欺欺人，而是一边努力，一边鼓励自己。

这个故事对我还真的很管用。我不但没有丧失对数学学习的信心，反倒更努力地学习。我一直抱着的信念就是，下一次我的数学成绩肯定会进步的，下一次我的排名也会进步，我的成绩会慢慢变好的。结果是，我的数学成绩最后真的很不错，仅次于语文。

那个时候的我，相信坏事的后面肯定会跟着好事。我也相信，一件事太好了，不要得意太早，说不定这并不是好事。

03

高中时，在语文老师的带领下，我开始向杂志社投稿。慢慢地，一篇篇文章被选上了，我很开心地回家跟我爸爸说："你看我多厉害！"那时，我爸却说："你还是要以学习为重，快要高考了，别花太多时间写作了。"

当时，被喜悦笼罩着的我，得意忘形，并没有看到这一点。可是，当一模试卷发下来，我看到自己文综只考了一百六十二分——三门加在一起才一百六十二分！

经历多了，想的也多了，才发现，一件好事不可能是纯粹的好事，就像《塞翁失马》中老翁的儿子有了马，但是也给他们带来了磨难，反倒因为丢了马，却带来了好事。

任何事物，好坏都是相对的，我们所遇到的事，都是如此。

好事并非一定好，坏事也不是绝对的坏。我们不需要因为一时的不顺觉得沮丧，也不能觉得一路走下来太顺心而得意忘形。

当然，我们也没必要觉得，所有的好事都不是好事，然后失去快乐，去担心未知的坏事。**顺与不顺，是人生的常态，我们要认识到这一点，去努力追求更好。**

04

上学那会儿，我被班上的两个女生孤立。她们故意为难我，到处说我的坏话。最开始，我很介意她们的不喜欢，我忍不住想："为什么我这么倒霉？不能像别的同学那样单纯学习，得整天承受这样的煎熬。"

后来，身体里面自带励志体质的那个我出来了，她一遍遍地告诉我：这是上天给我设置的磨难，磨难过去了，我就会变强，就会遇到好事，而在这一磨难中我学到的东西，肯定是对我有好处的。那些杀不死我的，只会使我更强大。

我渡过了难关，我学会了不去讨好人，我学会了与自己相处，与自己和解，最重要的是，那"坏事"成了我人生中很重要的经验，它既是我现在写作的一个素材，也教会了我怎么与人相处。

这里我所要说的坏事，并不是这件事真的在本质上不好，而只是与我们的意愿不相符。这样的"坏事"，我们仍然能够从中学到很多对我们有益的东西，而这些将会帮助我们以后遇到更多的好事。

每个人的一生中总会有那么一段很难熬的岁月，那时，我们会在心里想："老天凭什么要让我承受这么多的磨砺，是因为我看起来比较好欺负吗？"

前不久，我就有过那么一段苦闷的时期。

那段时间，我完全找不到写作的感觉，被拒稿成了日常，而网友也不再追捧，大V也不再争相转载。我因此非常焦虑，我怕自己失去了对文字的敏感度。

我一直在心里告诉自己，这是天将降大任于我，这是对我的考验。目前最重要的三件事：坚持，坚持，再坚持。这个世界还是承认努力的，终于，我有篇文章在微博上被账号"思想聚焦"转载了，文章有一定的热度，但随之而来也有好多不堪的骂声。那是我第一次面对网友的抨击，毫无防备，我就像个委屈的孩子，哭得稀里哗啦。我情绪激动地跟"思想聚焦"的吴老师说："我做错什么了，他们凭什么要骂我，我没有做任何伤害他们的事啊！"

吴老师很耐心地开解我，举各种例子让我知道，其实没什么大不了的，不喜欢你的人有一些，但是喜欢你的人更多，"其实换个角度想想，这也不是坏事，因为你文章写得好，才有更多的人知道，才会有人因为嫉妒'喷'你，一切都是因为你红"。

最后，我被这句话逗笑了。

是的，换个角度想，坏事也可能是好事。只要一直努力，坏事的后面也许就会是惊喜。

05

就像朋友说的那种不顺，我也会有：感情危机，学业压力，生活无趣，甚至是公号文章的浏览量达不到预期，涨粉的速度不如别人……这些事都堆在一起，无形中会形成巨大的压力，有时，真的很想痛哭一场。但哭有用吗！

生活，有顺风也有逆风，但从来不会是一帆风顺。天气会变化，风向也会变化，生活充满了不可预测的变化。

觉得焦虑、麻烦的时候，就好好沉淀自己，好好想清楚自己到底要什么，不要忘记了要努力和坚持。事情多了，就一件一件地解决，先解决急迫且重要的，然后是其他的，千万不要因为焦虑而变得烦躁，把事情处理得一团糟，那样只会更加焦虑。

　　生活需要我们一次次地见招拆招，不顺意真的是生活的常态，但那又有什么关系呢？世上真正厉害的人，不是总能拿到一手好牌，而是哪怕拿到的是一手烂牌，却能够赢得漂亮。

我们既有软肋，也有铠甲

01

凌晨三点，我还在失眠，为某些事心忧，想来想去睡不着。我索性拿出手机，刷微博。目光停在一条微博上，手指不再往下翻，那刻，我的眼睛竟有些湿润，那种感觉是，一直想倾诉却不知如何说起的负面情绪，被那短短的几句话瞬间治愈了。

"愿你有高跟鞋也有跑鞋，喝茶也喝酒。愿你有勇敢的朋友，有旗鼓相当的对手。愿你对过往的一切情深意重，但从不回头。愿你特别美丽，特别平静，特别凶狠，也特别温柔。"

这就是那条微博，那条一下子击中我内心的微博。看着那几句话的时候，我内心变得很平静，似乎一下子就原谅了自己的那些不完美了。

愿我们都可以按照自己的意愿生活，真好。

02

那日，我跟朋友聊天说："我突然发现自己有时候很脆弱，并不像看起来那么无坚不摧，每个人都有自己的软肋。"

平日里，穿高跟鞋时脚后跟磨破了皮，很痛，我却没有感到太难受，贴上创可贴，继续踩着高跟鞋，就是因为我希望自己看起来更美点。因为要完成一个项目，碰到的都是很强劲的对手，我没有退缩，反倒更加兴奋地想正面一决高下。不被周围人理解，为什么到了大学还要这么拼，哪怕被冷落，我也愿意一个人早起去图书馆。到最后，我拿到了奖学金，也交到了好朋友。

独自奋斗的路上，哪怕很难受、很痛苦，我从没有埋怨过一句，也没觉得很难熬。但在我得知，我的男朋友可能喜欢上了别的女孩子，我的好朋友在背后骂我的时候，我感觉到了深深的心累。

我一直在心里跟自己说："在外人面前，我永远要平静，不管遇到什么事都要宠辱不惊。我不准自己在外人面前露出太生气或者太难过的表情。可是这次，我败得一塌涂地。"

在别人说出那句"我今天看到你男朋友陪一个女生逛街"的时候，我心跳漏了一拍，掩饰得很好的平静下面是一颗翻滚的心，我嘴上说："哦，我知道的，这方面我很信任他的，那应该是他的妹妹吧。"我一边给自己找台阶下，一边帮他圆谎，其实我心里清楚地知道，他根本就没有什么妹妹。

我打电话给他，很直接地问："你今天跟谁在一起？"我分明感受到了电话那头他的迟疑和慌乱，我感觉得到他和一个女生在暧昧，但一直假装不知道。

事情暴露到无法掩盖的时候，我也不知道怎么收场。

"那我们分开吧，祝你今后爱的人和在一起的人能永远是同一个"，这句话是我说的。

03

正当我沉浸在失恋的悲痛中无法自拔，删除一条条短信，一条条"朋友圈"状态和微博的时候，QQ消息提示音一直在响，我点开看，是闺密发给我的一张截图，我另外一个好朋友跟她抱怨我的截图，她跟我闺密说："我只是没写，要是我写，我的文章肯定比文长长的好得多，她也只是幸运而已。"

看着那一个个字，我觉得自己心痛又委屈。我把头绳拉扯掉，任头发散下来，然后对着那张图，对着恋爱时发的每条即将被删除的动态，默默地流泪，纸巾在旁边，我都懒得去看一眼，好想把难过和委屈都哭尽了。

四十分钟后，我回复闺密说："没关系，也许她只是开玩笑随便说说。但我知道，从今以后我再也不会把她当朋友，我真的不需要一个会眼红我、背地里落井下石的'好朋友'。"

我跟闺密说："我今天失去了恋人和一个好朋友，突然间发现了自己的死穴，第一次觉得自己好脆弱，却无处可以栖息。"

闺密说："我们认识十年了，从没见过你的软弱，我们都知道你很坚强，但你不必逞强死撑。这次我准你脆弱一下，难过了就哭，别压抑自己，别装作开心，你还有我们'黄金三人组'，你永远是有归宿的。"

那晚，我睡不着，我看到了那条微博。一直以来，我总是努力让自己当一个很酷、很厉害的人，却忘了作为supergirl（超级女孩）的前提是girl（女孩），我只是个普通的女孩子，为什么不能脆弱一下？

04

第二天醒来，我跟闺密说："我去找你吧，我们一起去喝酒好不好？"

她马上回了句："等你，来个不醉不归。"

我买了张最快去宜昌的票，背了个包，就出发了。出发的时候，我的内心挺悲壮。

当天晚上，坐在三峡大学的夜市摊上，我们撸着串，喝着啤酒，我仰着脑袋看着我们的烤茄子什么时候上来，闺密笑着说："此刻你的样子真可爱，卸掉所有的面具，真好。"

我说："上次这么喝酒，还是高考后的升学宴，那时候真的很开心，所以不管男生女生都喝得很尽兴。后来，似乎再也没有那么尽兴过，女生从来都是喝饮料。在传统的价值观里面，我们似乎总觉得爱喝酒的女生不那么好，可是就像男生喝酒是为了释放压力，为了忘掉一些东西，我们女生也有想要醉一场的理由啊！"

闺密点头说："我觉得能喝饮料，也能喝酒，做得了小清新，也能强悍起来的女生才是最厉害的。那样的女生就像是读书时那种会玩也会学的第一名，很讨喜。"

为什么一般"坏女孩"比较吸引人，不是因为她们足够坏，而是她们有很多面，她们玩得更开，她们知道怎么用自己喜欢的方式度过一生，这一点就可以让她们光芒四射。

05

"我突然不知道怎么面对脆弱的自己，你有过软弱的时候吗？"我问闺密。

"谁会永远坚强啊？那些我们羡慕不已的白领们，也许白天她们穿着名牌、蹬着小高跟，招摇过市，但是半夜时分指不定在哪个角落里默默地哭泣呢，或是孤单，或是生活的压力，或是感情不顺，没有人永远坚不可摧。"闺密边吃着小龙虾，边用油光光的嘴说着，或是因为她的样子很好笑，或是因为她的那番话，我突然很开心地笑了，顺手递给她一张纸巾。

被铺天盖地的"你要坚强，要努力，要赢，不软弱"这种心灵鸡汤席卷时，我们都忽略了最基本的事实：我们都是客观存在的人啊，我们有勇气去战斗，有不怕困难的决心，也总会有软肋，这是作为一个人的真实。

我不想说，你们要永远怀着热忱去战斗，不要怕输。这些我们都知道，我只想说点更实际的东西。

生活中总有些东西会让你一下子变得很脆弱。这种无力感非常正常，你要去接纳这样的自己，脆弱的时候找个人依靠一下，或者是蹲下身来，自己抱着膝盖难过一会，允许难过的存在。但不管多么难过，你也要相信你总会熬过去的，没有人当你的铠甲，也没关系，我们生下来都自带铠甲。

两天后，前男友发短信给我说："没有你，我要怎么才能好好的？我错了，你回来吧。"我把短信删了。

那时，我正在看一部很治愈的电视剧《爱我请留言》，主题曲有句歌词我很喜欢："如爱就爱吧，三心几意后谁又留恋逝去落霞，都总有事情来让幸福歇息休假。"

总有能戳中你软肋的人，但是还好，最终你会遇到让你拥有坚硬铠甲的人。

二十岁生日的时候，闺密送我一双运动鞋，她用了那条让我豁然开朗的微博做赠言："愿你有高跟鞋也有跑鞋；愿你特别美丽，特别平静，特别凶狠，也特别温柔；愿你有软肋，也终有铠甲。"

而今天，我不祝你永远一帆风顺，因为那只能是愿望。但我愿你像我希望的那样：愿你既有软肋，也有铠甲；愿你一辈子保持好奇、热情、微笑，跌倒哭完又爬起来；愿你永远少年，投入地去爱，兴冲冲，只求痛快。

用自己的方式，过擅长的一生

01

我该如何度过我的一生呢？

我想，这个问题肯定不止我一个人认真想过。

不过，最近我对这个问题的探究更加频繁。今天早上，人力资源老师问了大家几个问题：你们以后想干什么？你们有自己的人生规划吗？你们又为自己的目标做了哪些努力？

那一刻，全班都安静了，有的是被老师问得愣住了，有的也许是在思考自己的未来。

当时，我想的是，这一年多来我做了些什么？我获得了哪些证书？我掌握了哪些技能？我离自己的目标，是不是更近了一点？

一直以来，我们总是习惯被告知客观的东西对我们的影响力有多大，却忘了思考自己对自己的影响力。

环境、人际关系等因素真的决定不了我们的一生，而只有我们自己能够决定自己的样子。

02

我的二十岁还有几天就要结束了，这几天我特别焦虑。一边忙着要去展望未来，一边却又想认真地替自己的二十岁做个总结。

十九岁的最后几天，我为了让自己看起来独立一点儿，慌慌忙忙地跑去跟室友发了几天传单，还给这个行为取了一个高尚的名字——"靠劳动赚钱"。这勉强算是让我的十九岁获得了某种圆满。

这些天，一个问题一直盘旋在我脑海里：**在我即将跨出二十岁的最后这几天里，我还能做些什么，让我的二十岁看起来更圆满？**

回首我的二十岁，似乎过得并不那么精彩。

二十岁的生日，我送自己的礼物是健身房的一张会员卡，原因很简单，我想要二十岁的自己和以前的自己有那么一些不一样。每天跑步一小时，学了爵士，上过几节肚皮舞，最后没有锻炼出马甲线，也没有瘦成一道闪电，更没有让自己美到倾城倾国，但我在运动中学会了接纳自己。我开始接纳不那么完美、不那么优秀，甚至还有点倔强的自己。现在的我，很自信，也很爱自己。

二十岁的时候，我很羡慕那些会写文章的人，觉得他们一边写着自己的故事一边治愈着别人，那样真酷。那时我最大的梦想就是能够拥有自己的微信公众号，能够用文字跟别人分享我的故事。那时我的脑袋里有两股力量在斗争，一个说"算了，反正也就那么想想，有多少重要的事，还不是想着想着就算了"，而另一个则一直告诉我："你现在二十岁了，你要为自己的人生和梦想负责。"

也就是这个信念一直支撑我到现在，我真的很想为自己的梦想拼一拼。我开始给各个杂志投稿，每天写文写到很晚，最疯狂的时候，每天睁开眼想的第一件事就是，我今天要写什么方面的东西，甚至我刷微博的时候，看到的任何一个点，我都会思考这个可不可以用到我的文章里面。

那段时间我总是感觉时间不够用，书没看完，文没写完，我曾经在"朋友圈"发了一条动态说："上帝可以给我一个VIP，让我一天拥有四十八个小时吗？"朋友们说这也太拼了。

现在，我有了自己的公众号，有一批支持我的人，能写出自己和他们喜欢的文字，似乎我的二十岁还算圆满。

我说这么多，并不是想让你给我大红花，顺便说一句："长长，你真棒！"我真正想说的是，**只有我们自己才能让自己过上想要的生活。**

于我而言，二十岁的最后几天，我最该做的就是好好写几篇文，为我的二十一岁多铺几块砖。

03

生活是没有标准答案的选择题，自己的生活，只能自己去选择。

今天看了徐沪生的一篇文章，觉得他算是真正地活成了他想要的样子。

本来是一个程序员，并且还算程序员里很厉害的那种，受《月亮和六便士》的影响，加上自己本来喜欢写作，他攒了十五万元之后，很坚决地辞职了，去追求自己的写作梦想。周围有人嘲笑他，说他又不是韩寒、郭敬明，怎么写得了文章，但他还是遵从了自己的内心。

他给自己三年时间，如果三年内，他出书了，能依靠稿费养活自己，那他以后就走写作这条路。如果三年后，他还是一本书都没出版，那他再回头找工作。

二〇一四年六月，他辞职；二〇一五年一月，他的第一本书就出版了；而现在，他在准备出第三本书。

我很佩服他，觉得他很牛，但我更佩服的是他选择过自己想要的生活的勇气和决心。

孤勇，以及一定要过自己想的生活的决心，是我们大多数人所羡慕的。

我害怕自己会浪费生命，但我更害怕，这一辈子都过不了自己想要的生活。

送给二十一岁的自己：一定要努力去做自己想做的事，无论承受怎样的压力和不理解。这世上最大的成功就是自己获得真正的快乐，用自己的方式，过自己擅长的一生。

从今天开始，不再活在别人的期待里

01

《无声告白》里有一句话深深地击中了我——**我们终其一生，就是要摆脱别人的期待，找到真正的自己**。人生那么短暂，诱惑和困难都那么多，我们随时要做好单枪匹马为梦想而战的准备，远离那些不断消耗你的人与事，最起码要保持距离，不然耗着耗着，人生就没了。

大一那年，我算是特立独行的，早上没课的时候，我还会坚持七点早起去图书馆。平时没事，我也会选择去图书馆，或者去参加各种活动，相比每天在寝室睡觉、看连续剧的室友，我的生活真的还算励志。慢慢地，因为我早起，室友说我吵到了她们，甚至还会拉着我说："寝室也可以复习，不要去图书馆了。"她们也会很好心地建议我不要起那么早。在我拒绝了她们所有的建议之后，她们选择孤立我，甚至是为难我。

她们三个会一起说我早起声响大，打扰她们睡觉；每次去图书馆，她们会冷嘲热讽地说我是"好学生"；她们只要白天睡觉，不管我在不在，都会关窗帘关灯，直接忽视我。最开始，我会以为真的是我影响她们了，后来我明白了，她们只是在不择手段地抱团逼我和她们一起堕落。

02

这个世界真的有一些人是这样的：在她不想努力的时候，她也绝不允许你努力；在发现你努力的时候，她们会抱团逼你一起堕落，去消耗你。还好，那时候我坚持了下来，哪怕被当作"异类"，也没让她们得逞。

也许在最开始，我就知道成长路上能够陪我一起共同进步的人真的不多。人本是孤独的，又或许是我一直能坚持不被消耗，所以生活中真正能让我烦心的事真不多。

我们被身边的人和事打扰心情时，只因看事情的角度不一样，所采取的措施也就不同。对那类乱我心的事情，我通常有两种解决措施：第一，对于我觉得很重要的事情，我会投入较多的精力去解决，就算不能解决，也要把损失最小化，实在解决不了的，我也只会最多给自己两天时间去难过，然后重新投入工作和生活；第二，对于那些不重要的事情，我是更不会给此事太多机会去消耗我自己。

有段时间，我总是被人际关系牵着鼻子走，特别在意一些无谓的东西，整天被侵蚀却不自知。有个女生不是很喜欢我，跟身边的人说我的坏话，我很在意，也很难过，试图努力去搞好这段关系，但始终没有好起来，最后我被弄得精疲力竭，于是索性就让她说去。后来，我受周国平先生的启发，对于人际关系，我也总结出了一个最合乎我的性情的原则：**尊重他人，亲疏随缘**。

那些我不喜欢的、无用的负面情绪，我都称之为侵蚀我的东西，我不会让负能量侵蚀我的正能量，我会极力避开他们。

很多无谓的事情让我烦躁不安的时候，我总是一遍又一遍地对自己说："坚决不要被无谓的事情烦扰，有那些烦恼的时间，还不如去看一本书，看一部美剧，或者出去打打球。"我宁愿把自己的时间花在提升自己的地方，也不要浪费在一些不值得的小事上，纠结只会让自己被负能量侵蚀。

当室友拉着我聊没有营养而我又不感兴趣的八卦时，我会转身离开去干我的事；当被别人误解而我知道我解释没用的时候，我会选择闭口不争辩；当室友一起孤立我说我不合群的时候，我会选择继续做我该做的事。因为挂在我们嘴边的"不忘初心"，并不是说说而已，我们都会有自己想做的事，何必让无谓的因素消耗自己呢？很多时候，所谓的合群，不过是在浪费人生。

也许有人会说："你就是一个极度自私、自我的人。"

嗯，我会承认我的自我，但是那不是自私。"自我"这个词是指以自我为中心，但是在我这里，我觉得自我是有主见，不会让一些无谓的事情影响我。当别人都选择睡觉的时候，我不需要找个伴儿，自己一个人看书、写字，做我想做的事；当大家都想着上班混个基本工资时，我积极表现自己、提升自己；当别人会为未发生的某些事担心，我会努力去用行动来安抚我的内心。这是自我，但不是自私，我的自我提升并没有损害任何人的利益。

这也不是异类，我只是很珍惜时间，很热爱我的生活，我只是想停留在更多美好的事情上，害怕被不美好的事情消耗。

03

很多时候，"异类"往往更容易成功。金庸笔下的杨过算是一个比较典型的异类，不受世俗约束，黄蓉觉得他简直荒唐得不可理喻，全真教以及各大门派都觉得他简直就是一个笑话。金庸给我们成功地塑造了一个异类，一个最终成功了的异类。杨过有自己的目标，那就是和小龙女在一起。杨过很自我，别人都不做的事他做了并坚持了下来。他拜小龙女为师，勤学武功，最终成为一代大侠并且实现了跟小龙女在一起的愿望。无疑，他的人生是成功的。他那被当作异类的一步步，都是在朝着他的目标靠近，也是在善良地帮助别人，哪来的什么自私？

我们不去说新东方的俞敏洪、阿里巴巴的马云，在高考一次又一次失利后，如何坚持不放弃，最终成就了辉煌的人生，就单纯来说说我们。我们是伟大世界中的小人物，但我们又并不渺小，因为许多大人物也都有着卑微的过去。若我们每天都只为了不被当作异类和讨好这个世界，做着那些没有辨识度，甚至是连自己都不知道为什么要做的事，那我们这一辈子也许注定普普通通。

当然，我口中的"特立独行"也没有那么深不可测，只不过是坚持自我，坚持不被一口叫作"普通"的大染缸染成千篇一律的色彩。

身为单独的个体，我们有必要对自己负责，做自己想做的事情并坚持下去，哪怕周围的人都嘲笑你。或许，只有那些被嘲笑的梦想，才更值得坚持。

如果可以，请远离那些会消耗你的人和事。

我们要远离那些负能量的人，同时，我们也要尽量把自己培养成一个正能量的人；少在意一点别人的看法，多关心一下自己心里真正想要的；一直努力提升自己，让自己成为一个有价值的人，去做一些有意义的事。作为地球上独一无二的你，你有义务坚持自己，不让自己被无谓的事情消耗，去变成更好的你，去感受生命中的真正美好。

你不是忙，只是没那么热爱

01

有一个读者留言问我："我也很热爱文学，请问你是如何做到每天都写文章的？"

我说："大概是因为热爱吧。"

然后，他继续追问："可就算再怎么热爱，也会被一些事耽误啊？"

我不是第一次被问到这个问题，也不是第一次在给出自己的答案之后得到类似"我没时间去练习、去坚持"这种回答。

或许，我曾经也用"我很忙，我没时间"这种理由搪塞过自己。而如今，我一眼就能够看出这个看似让很多人困扰的理由背后的借口——不是你忙，只是你真的没有那么热爱。

"哪怕你再忙，你总有时间看电视剧、打游戏、刷各种社交软件。同理，只要你真的够热爱，你也总能抽出时间做你想做的事。"我回了那个读者一句，并且也不打算回答他接下来的疑问。因为聪明的人自然能够懂这句话，不想懂的人你告诉他再多，他还是会有同样的疑问。你永远无法叫醒一个装睡的人。

02

坦白地说，我最欣赏的，是只要坚定一个想法，就能用十足的行动力顽强地把它变成现实的人。他们从来不会为自己找借口，他们最擅长的就是不断地为自己找方法，然后一点一点地靠近自己的理想。

有些人会对我说："长长，我也觉得自己很喜欢文字，我也想跟你一样能写文章，但我不知道具体需要怎么做才能变得很厉害。"

其实，我还真不知道怎么给这些人建议。有这种想法的人，大多数真的只是想想而已，你写过东西吗？你为这件事做过努力吗？回答基本都是否定的。

去年十一月份，我走在马路上，收到杂志社编辑发给我的过稿通知，我很开心地拉着身边的小哒说："我又过稿了，好开心啊！你说要是我明天一觉醒来就有出版社找我出书多好啊，我真的很想出本书。"

那时候的我，还只是零零散散地向一些杂志投稿，小哒嘲笑说："别天天做梦了，想要出书，你最起码要先写十万字出来，你看看你现在才写了多少啊？"

虽然我挺恨在我开心时给我泼冷水的小哒，但是她的那句话我真的听进去了："你天天想着自己要出书，你写到十万字了吗？"

好长一段时间，这句话一直留在我心里，陪伴我，警醒我。说实话，最开始我并没有多大的野心，我只是想用自己最大的诚意写出十万字，拥有一本属于我自己的书。而现在我的文字可以发在很大的平台，被更多的人看到，我也已经写了十几万字，我出书的愿望正在变为现实。

你想做成一件事之前，也该拿出你的诚意，摆正你的态度，别急着要收获。先脚踏实地地干一阵子，等到你觉得自己的努力够了，再问自己配不配拥有某件东西。

03

"热爱"这个词，应该恰好能够回答前面那个读者的问题。为什么会没时间做一件事？其实真的不是你忙，你并没有那么忙，你只是懒，也就是你没那么热爱而已。

以前听过这么一句话：你对某件事的欲望有多强，你做成这件事的概率就有多大。换句话来说，就是看你的内驱力够不够强，内驱力包括热爱、生活需求、精神需求、现实需求。

有一个画面一直保存在我脑海里。

高三前的夏天，中午十二点半，吃完午饭后，在所有人都趴在桌子上睡觉的时候，我一直不肯趴下。那是酷热的六月，我坐在第一排，头顶的吊扇"哗哗"地转着，我很专心地拿着一本《近五年高考模拟试题》在做。我记得很清楚，自己正在做的数学题是关于抛物线的。我聚精会神地做着作业，流了一脖子的汗。班主任来教室看我们，他在我旁边站了好久我才发觉，我抬头和他对视了一下，他眼神里是满满的感动和欣慰，因为我的努力。他温和地对我说："快去洗把脸，天这么热。"

这件事已经过去了好几年，可我还记得。那年的夏天，真热啊，我真的很专注。现在环境稍微差点，如果没有戴上耳机，我一般很难再专注地做一件事。而那时我能心无旁骛做一件事，原因很简单，我就是想提高一下数学成绩，我疯了似的做题目、总结题目，就是希望能够多掌握一个知识点，多考几分。那时，我对上大学的欲望很强，我可以自动忽略一切客观条件去努力。

慢慢地，我发现自己有这么一个优点：一旦我认定做一件事，我就会很努力地投入进去，当然，我也不会很傻、很天真地单纯努力，我会搜集很多这方面的资料，找对了点再走下去。这期间，也许有人会说我不会成功，也许有人会打击我的积极性，但我都不会在乎。这似乎跟我从小的家庭教育有关，我一直很相信努力和坚持的意义，我相信自己的决断力，并且充分地行动。

04

为什么你想做一件事，却总觉得没时间做呢？

因为你不够热爱，你想要做成这件事的欲望不够强。

我们有时间熬通宵打游戏，每天花很长的时间追电视剧，甚至熬夜看小说，却没有时间做你想要做的事情。其实，从一开始，你就没太想做成这件事。

当你真正想要做成一件事时，你会想出无数种方法，会无数次去尝试，你会心甘情愿地投入大量的时间、精力，你会想着做成后的一百种样子，并且为这一百种样子尽心竭力地付出。你不会没时间，因为在你心中那是你最想完成的，很多事都会主动为此让步，你会拿出你看电视剧、打游戏、做各种无聊的事的时间，去做好这件事。

这才是当你想做成一件事时的真正状态。

很多人问我："你怎么有那么多时间写文章的？"还问我："你是全职作家吗？"

我笑着说："不是的，每天写一篇文章已经成为我的习惯了。我只是把别人看电视剧的时间抽出一部分来写文章，还有一部分时间可以尽情地玩耍。"

大一的辅导员曾经跟我说过："当你想要做成一件事的时候，你一定要认真地做好。当然，你也可以玩闹放松，要不然总是工作，这样的人生也挺无趣的，生活最大乐趣就是拼命地去努力，用力地去玩。"

　　只要你想做、肯做、努力做，你一定会做成一件事。千万别给自己找借口，你可以替自己争取的只有机会。在你准备开口抱怨你做不成之前，请认真地问问自己："我真的努力了吗？""我好好争取过吗？"

　　这世上没有随随便便的成功，生活是公平的，你要让生活看到你的诚意。

PART 2
我哪懂什么坚持，全靠死撑

我 哪 懂 什 么 坚 持 ， 全 靠 死 撑

你要努力，但千万别着急

01

"身边的朋友都准备着考研、考公务员或者出国，我也忙着毕业论文和实习，但我内心真的充满着压力。虽然我是一个很努力、很上进的人，但是对于未来，我还是很迷茫、很焦虑，我不知道该怎么努力了。"

这是一个读者给我的留言。

从他的那些话语里面，我能够感受到一种很强的焦虑感。周围环境给他的压力，未来的不确定性，毕业的压力，都是他焦虑的原因。

"焦虑"这个词，我们并不陌生，年初在知乎上有个很热的问题：在北大当"学渣"是种怎么样的体验？点赞最多的回答就是"焦虑"。这种焦虑感来自——做"学渣"不可怕，可怕的是你发现自己没有任何出众的地方，而且连唯一的优势——学习好，也没有了。

并不是不努力，而是"学霸"太多，你努力了也很难拔尖。这些"学霸"不仅学习好，而且颜值高、家境优渥、多才多艺、视野开阔，关键是他们都还很勤奋。和这样的人在一起，稍一懈怠，就会被碾成"学渣"。

这种焦虑很正常，竞争激烈的地方，压力肯定也会大。我们应该正视这个问题，但是我们不能急，我们要在压力中保持好的心态继续努力。

我想说的是，**你一定要努力，但千万别着急。**

02

高三的时候，特别喜欢陆绍珩纂辑的《小窗幽记》里面的那副对联："宠辱不惊，看庭前花开花落；去留无意，望天上云卷云舒。"曾经一度把它抄在小纸条上，贴在桌子上面。

当时的我，特别希望自己活出"淡如止水"的状态，不为别的，只是希望自己能够有一个好心态面对高考。

每次考差了，我还是会难过整整一节课。看到同桌考得比我好，我也会很着急。我在焦虑时，总是提醒自己去看贴在桌子上的纸条，并在心里一遍遍安慰自己。然后，假装很淡定，继续复习。

那时，我并不算是一个心态很好的人，尽管我一直告诫自己摆正心态。

但是，我很明白这么一个道理：**不能急于求成，不能让别的事影响自己的心情，心态一定要好，一定要继续努力。**

03

刚刚开始写作时，我认识了一个写作方面的朋友。然后，我们约好一起努力。他是在我前面出书的，他跟我说："长长，今天一家出版公司找我合作出书，我答应了。"

坦白来讲，除了很真诚地为他感到开心外，我的第一反应是，我好羡慕啊，为什么没人找我出书。那时，我的自愈力超强，我在心里默默安慰自己说："没关系，继续沉下心来好好写，多写些好的作品，总会被别人发现的。"

其间，我着急过，那种感受就像是，在幼儿园小班教室里，小朋友们都坐在里面等家长来接，看着同学们都被爸爸妈妈接回去了，只有我孤零零地坐在教室里。那是种害怕被遗忘的着急。

我沉下心来写，规定自己每个星期看三本书，每天写一篇文章。

现在，我终于要出书了。

也许是天生好强，不允许自己差别人太多，所以，我心急的时刻真的很多。

曾经有段时间，我状态很差，准确来说，我很焦虑。那段时间，我忙着囤稿，发的文章少了很多，每天看到"朋友圈"里，朋友分享着他们很火的文章，说着公众号的粉丝数又破了多少的喜讯，而我却被编辑告知文章写得没有以前好了，我真的很着急。

换个角度看，急，是因为害怕达不到自己的要求，这是进取的一种表现。

04

那晚，我感觉压力压得我喘不过气来。我一直在努力，但是我还是不够优秀，我甚至不知道该怎么办，因为如果努力了还没效果，我就不知道还能继续做什么。

于是，我给我爸打电话。那天不是星期五，不是固定打电话的日子，加上我的声音有点低沉，我爸猜出了我心情不好，他问我："怎么了？"

我说："我感觉好有压力，我努力了，但是还是没别人厉害，我有点焦虑。"

我爸想了一会儿说："你要清楚一点，在这个世上总会有人比你厉害，你的目标应该是今天的你比昨天的你更进步一些，不要总把目光放在别人身上，你要把心思放在自己这里，你一定要努力，但是千万不能太着急了，这是大忌。"

我说："看着别人都那么厉害，我多少会有些不舒服，我怕自己被甩得太远。"

"别人此刻光鲜，说不定私下努力了很久，你不能总觉得别人太容易成功，而自己的努力没回报，也许别人坚持的时间、花费的心思比你更多，你要找到别人的优点去学习，而不是干着急，或者觉得自己努力了没有回报。"爸爸最后说，"你要慢慢努力，做成一件事，心态真的很重要，所以千万别急。"

纠结了一整天的问题，似乎在此刻一下子明了了。是的，我只要努力做好自己的事，而不需要有任何的负面情绪。

05

我想通了一个道理：**如果你一直努力，却没有很大的成效，那么你该想想你的方向是不是对的，如果方向也是对的，那么恭喜你，剩下的你只需要坚持。**

前几天，看了周冲的一篇文章。在她刚刚练习写作的时候，一个前辈给了她一个浅白但至关重要的建议：别想那么多，你只要记得，任何人用十年时间，全神贯注、心无旁骛地做一件事，都会成为顶级人才。

所以说，除了努力，你还需要坚持。

马尔科姆·格拉德威尔的《异类》，一直传递给我们的一个观念：**人们眼中的天才，之所以卓越非凡，并非因为天资超人一等，而是因为付出了持续不断的努力。**

真正决定一个人成就的，不是其他，而是一直以来的努力和自律。你要明白这一点，要知道你的努力是有意义的，但是千万别着急，你急了，也不能一下子练得速成法，反而会让一切更糟糕。还不如用平和的心态去努力、去坚持，我不能保证你一定会成功，但是坚持和努力的品质肯定会带给你一个优质的、独一无二的自己。

"你一定要努力，但千万别着急"，这句话我最先是从陈道明老师的一段节目视频中听到的。现在，我想把这句话送给所有人：你一定要努力，但千万别着急。

努力的姑娘，运气不会太差

01

我想跟大家分享的是一个关于运气和公平的故事。

一天晚上，九点左右，教师资格证的面试成绩出来了。我没有十足的把握，也一直很担心最终的结果，但庆幸的是，我通过了。而我的另外两个同学，则没有这份幸运。其中一个同学考完回来后，跟我们讲起面试官当时的表情以及话语，我们听了都以为她绝对没有问题，结果却完全出乎我们的预料。

我只能说，人生真的充满未知。

我一直很低调，很多事除非有十足的把握，不然我不会跟别人说，我一定可以做到或者我肯定能怎么样。包括这次面试也是一样。我感觉我的表现没有达到预期，我一直对她们说："我感觉有个问题没有回答好，对面试结果心里一点也没底。"

对于我最终合格的这个结果，她们还是有些吃惊的，但更多的是，觉得我完全是运气好。她们当着我的面说："有的同学分配到的面试学校，考官松懈，很容易过。"可考官审核的标准都是一样的，而且每个考场的考官都不一样，哪有那么明显的好过一说呢？

当着她们的面，我并没有去解释什么。我本来就不喜欢跟别人说我能力有多强，或者我有多聪明，我宁愿被别人当作一个运气好的人。

但我心里还是有点小不悦。如果你问我为什么这么厉害，我跟你说是我的运气好，那是我谦虚；可如果我从别人的嘴巴听到这样的评价，说我只是运气好，其实我还是有点不开心的。我的内心，还是希望自己当个实力派。

此刻，我想告诉所有人的是，我很努力，并不是全靠运气，尽管多数时候，我都不会这么说。

不要因为别人跟你说"我只是运气好"，你就只相信运气，看不到别人的努力，这种想法于你而言真的是无益。

02

我真的运气很好吗？

为了准备这个考试，我提前一个月，把初中的教材都认真地看了一遍，哪怕别人说面试很简单，不用这么努力。

在考试前几天，我和朋友一起反反复复地走面试流程，哪怕别人说流程很容易，不用事先准备。

考试抽题，我前面那个女生和我抽的题刚好一样。她在我前面讲，我俩孰好孰坏考官们很容易看出来。为了不被比下去，我在备考的时候拼命地想着如何出新意，这也只是运气好？

一直以来，我并不都是靠运气取胜，但我不会去跟别人解释我多么努力。

这个世界本来就是不公平的，也总有人运气比我们好，我们必须意识到这一点，但我们更要看到别人的努力。

我很羡慕王思聪，有一个好爹，可以免去很多努力，可以花钱如流水，因为人家有资本。他可以在电竞行业干得很好，我除了佩服他有这方面的头脑外，我更觉得这只是他运气好，只是他资源好。所以呢？因为他有这先天的优势，我就怨天尤人？我就跑去跟所有人说，王思聪只是运气好，只是他老爹有钱他才这么牛？

相比把一切归结于运气，我更相信努力。这世上就是有人运气比你好，然后比你成功，但你也要相信有人跟你处境一样，却也取得了成功。不说别人，我只想把马云的名字放在这里。

毕竟运气学不了，努力却可以。

03

你羡慕别人的好"运气"，那你为什么不把自己也炼成一个别人眼里好运的人？

先天不够，后天可以补，后天就是努力。

如何让自己看起来更幸运一些呢？

花时间、花精力、花心思在你想要做的事情上面。

时间花在哪里，成就就在哪里。你需要投入时间在你想要做的事情上，去坚持，去积累。

我们期望改变的发生，就不要在原地踏步。选定你想做的事，投入精力，全力以赴。"闻鸡起舞""头悬梁，锥刺股"，或早起拼搏，或熬夜奋斗，这必须动用你个人的身体力量。花精神，是指你要真正投入你想要做的事，告诉自己这件事的重要性，用意志力去坚持，去克服困难。花心思，简单点说就是想办法怎么把事情做得更好，努力让事情更快地完成，这需要我们认真地去思考。

有一天，你成功地做了一件事，别人问："你为什么你这么厉害？"你大可直接说："因为我的运气比较好。"

越努力，越幸运，多一些努力，才能看起来很轻松地做成一件事。这是运气好的秘诀。

04

今天看了一本书，蔡崇达的《皮囊》，里面有一句话我很喜欢，放在这里也很合适。

那结局是注定的，生活中很多事情，该来的会来，不以这样的形式，就会以那样的形式。但把事情简单归咎于我们无能为力

的某个点，会让我们内心稍微自我安慰一下。

对照自己的失败，我们往往把别人的成功归结为运气好，这大概是因为我们不愿承认自己不如别人这个事实吧。好运我们摸不到也看不到，这样的归因，也算是一种自我安慰的办法。

我真的不愿你有太多这种逃避式的归因。哪怕你因为看到和别人的差距，难过一阵，然后再继续努力，也不要总把一切归结于幸运。

我始终相信努力守恒原则：当你足够努力，你会越来越顺利；没有无缘无故的幸运，努力了，你就可以在别人眼中变得超"幸运"。

想太多，说不定连开始的勇气都没有

01

不知是不是从李玖哲的那首《想太多》开始，"想太多"这个词，似乎开始变得不那么好。

闺密喜欢的那个男孩过生日，前一天晚上十一点开始，她就一直在跟我讨论，在零点那刻该发点什么来祝他生日快乐，既不要那么生疏客套，也不要太过赤裸地表达心意，闺密说："尺度你自己把握，赶快给我贡献几条建议。"

我说："趁着他过生日的机会，向他直接表白，这多好啊！"

她说："不好，万一他拒绝了，我怎么办？表白这种事，还是得男孩子主动。"

我说："那你间接表明一下心意，让他感觉到你的心意，看他接下来怎么做，如何？"

三分钟后，闺密回我："他明年就要去法国留学了，就算现在在一起，到时候还需要跨国恋，我没有信心，也没有勇气开始，就这样吧，能够发展成什么样，就算什么样。"

我调侃说："你选择顺其自然，是对你的感情不负责，也是对你自己不负责。最后，你会发现你都没有努力争取过，人生最大的遗憾，不是失败，而是我本可以。"

然后，她不再跟我讨论了。我给了她几种祝福方案，而她挑了最简单、最普通也最没有歧义的那种。

在彼此发"好梦"前，我留了一句话给她："**想太多，说不定连开始的勇气都没有。**"

02

就我自己的家庭来说，我父母都蛮"谨慎"的。我说他们谨慎，是因为每做一件事情，在开始做之前，我爸都会把利弊看得很清，可以说是深思熟虑。

比如，我毕业找工作这事，我爸看中的永远是长远利益，会跟我分析工作的利弊，然后选择最稳定、最保险的那种。之前，我跟我爸妈说，我想出去找兼职，而我爸的第一反应是，外面很险恶，骗子很多，你一大学生没经验，去外面被忽悠了怎么办？他说的情况也是存在的，考虑到了最坏的情况，所以我一度也放弃了出去实践的想法。

在某种程度上，我也算是一个很严谨的人。生活在一个什么都考虑周全的家庭里，我自然也会对自己的生活条分缕析，进行利弊分析。我并不是说想得长远、谨慎不好，甚至从某种角度来看，这也算是成熟的标志。

我想说的是，**趁着年轻，趁着不怕失败的年纪，我们就该不顾后果地出去闯一闯，想太多只会束缚手脚。**

我的第一份兼职，还是我瞒着我爸妈，偷偷和室友们去找的。晚上拿着挣来的六十元回宿舍，喜滋滋地给我爸打电话，说："我今天去做兼职了，挣了六十元，而且没遇到什么危险，你们放心。"

其实，我就是抱着去试一试的心态。媒体上充斥着各种骗子的新闻，我们这些涉世不深的大学生更是许多不良中介的目标。因此，我们几个女孩子也犹豫了很久，担心会不会碰到坏人啊什么的，最后"大姐大"说："怕什么，我们就去试试，我们不主动给别人钱，怎么会上当呢？对方要真是骗子，我们就跑。"

也许，正因为我们年轻，没有大人经历得多，对一切都没有太多的防备，所以，我们才敢去尝试，**我们始终愿意相信这个世界的美好。**

03

想太多，你不仅会没有勇气开始，而且那件未做的事也会成为你以后的遗憾。

　　高考前三天，课停了，学校让我们自己在家里复习。有人提议："我们几个玩得好的同学晚上去KTV唱歌吧。"

　　我不是提议者，在别人提出来时，我立即就在心里分析利弊："高考前去外面玩，是不是会让人松懈啊？临近考试，就应该在家里好好复习。"这是我心里那个穿黑衣服的小人的想法。而那个穿白衣服的小人，却在一旁说："去吧，去放松一下，少学习三个小时又不会怎样，而且考前心态好最重要。"

　　在我犹犹豫豫时，同桌说："走吧，一起去吧，想那么多干吗！今夜我们不谈高考，只管玩好！"

　　现在，你问我高考前印象最深的一件事是什么。我会说，不是堆满桌子的书墙，不是漫天的考卷，也不是中午趴在桌子上睡觉时口水流到课本上，而是那天晚上我们选择玩乐的快活。

　　在KTV，我们几个女孩子不顾形象，一个个都把凉鞋甩掉，手里拿着麦克风，赤脚在地上蹦跳。还记得，我们声嘶力竭地吼着《最炫民族风》，手舞足蹈。高考前，带着压力放松，与高考后的发泄，感受真的是不一样。

　　多年后，我会不再记得高考卷子上让我最遗憾的那道题是什么，也会慢慢忘记之前最讨厌的那个老师的名字，但是我永远不会忘记，那晚我们拿着三元买的熟玉米棒，在KTV里面唱《最炫民族风》的场景，还有几个男生一起送每个女生回家……

　　这最珍贵的记忆，是当初的我们不计后果所换来的。假如我们当初再想得多点儿，鉴于被高考压着，肯定不会去尝试。心情放松了，我们也许因此多考了几分，也许少考了几分，这是谁都无法说清楚的，而这正是生活的迷人之处。

我们去的几个人里面，有一半是班上的前十名，值得庆幸的是，大家都考得还不错。于我们而言，似乎只是多了一段美好的回忆。

谁的青春不疯狂？而疯狂的时候，我们是不会太考虑逻辑和现实的，但是这多美啊！正因为我们疯狂过，我们的青春才没有太多的遗憾。

04

学校有"十佳歌手"比赛，我跟室友说："我们去试试吧！"本来是说好一起报名的，室友怕落选丢人，没有去。我一个人去参加了，虽然结果不那么理想，但我还是很开心有这次经历。

我是抱着多经历的心态去参加的，根本没有去想唱得难听会被人笑。我就是想站在那个舞台上唱一首歌，哪怕唱得不那么好听，毕竟还是有一首歌曲的时间让我在那里感受。

越是知道得多的人，就越是缺少勇气。"无知者无畏"，在我看来，这句话可以这么理解：因为想得不那么复杂，因为不知面临的究竟是什么困难，所以往往更加敢大踏步地前行。

"一朝被蛇咬，十年怕井绳"，除了指心理阴影持续的时间长外，另一层意思就是，一旦你经历了什么事，你明白了太多，你想太多，就总会觉得在"这个地方"还会碰到咬你的那条蛇。此刻，你很有可能连开始的勇气都没有，你会怕"这个地方"一辈子。

我不是在鼓吹思考是多余的，或鼓动大家不计后果地往前冲。我想说的是，人生这么短，我们需要不断去尝试，我们不该畏惧未知。

如果不去试试，怎么知道自己做不做得到呢？要是我做到了，那就证明我有这个潜力；要是倒下了，还可以爬起来再试。

趁着年轻，趁我们失败了还有力气站起来再战，不用想太多，不要让对未知的事的担忧束缚了自己。

如果你真的是个深思熟虑型的人，那就请你在做任何事时，不要光想最坏的结果，不妨做一下最好的打算，别用消极的心理浇灭自己的积极性。你不去开始，就永远不知道结果如何。

不想委屈自己，那就做自己

01

放假回家，一大家子人一起吃饭，二伯喝多了，用手指着我说："你看看人家阿庭，现在都毕业工作了，人家爸爸到处说她一个月赚多少钱，你还在读书，还在用你爸爸的钱。"

我差点没忍住，眼泪几乎要流出来了。二伯平时从不会这么说我，或许是在酒精的刺激下，一时没忍住，就对我说出了心里话。

回到自己家之后，我很憋屈，问我爸："你们是不是都觉得我现在还在读书，压力很大啊？"并将我二伯的话复述了一遍。

我爸马上回了句："别听他们瞎说，阿庭因为是专科，比你少读一年，所以早一些工作。你现在好好读书，努力提升自己，别管那些，你以后赚钱的机会有很多，我都不急，你急什么？"

"你时刻都要记住，你只用做好自己就行。"这是我爸告诉我的一句话。

02

你不用管别人做了什么，你只需要做好你自己。

其实，这种被比较并不是第一次。小时候，阿庭就是我眼中的
"隔壁家的小孩"，妈妈总会说："你看，人家这次考试又考得比你
好，你爸爸天天在家辅导你，你还考不过别人，多么丢人啊！"

最开始，听到这种话我会难过，我会很自卑地觉得自己是不
是真的不如她，我会想办法努力学习。就这样，阿庭的影子似乎
永远笼罩着我。"人家放学回来会帮忙做家务，多么听话，你真是
懒啊""人家这次拿了三个奖状，你就一个"，等等。

或许是出于逆反心理，妈妈越是这么说，我就越是"不争气"
给她看。读初中的时候，我有过一段破罐子破摔的日子。那时，
我故意考得很差，故意变得吊儿郎当，甚至在我妈重复阿庭的种
种好时，我直接对她说："既然她那么好，那让她做你女儿得了，
你就别管我了。"

我的标杆是阿庭，我心里最不喜欢的人，也是她。后来，我
也受不了不思进取的自己，就真正开始把耳边所有人的抱怨变成
了怨恨，当时我恨恨地想——你们总是说我比她差，我偏偏要比
她强，看你们会怎么说。

于是，我开始真正潜心对待学习，不会做的题目，我就从基

础学起，一点一点补起来。我是一个自制力很强的人，一旦下了决心做事，就一定会想办法做成。这在我爸眼中，是倔强。

一段时间之后，当我把我的期末成绩和各种奖状递给我爸时，我几乎是轻蔑地说了一句："这下子我超过她了，你们开心了吧，我看看你们是怎么说我比她厉害的！"

我爸当即脸一黑，对我说："取得成绩是好事，但是爸爸并不希望你永远拿她做标杆。你不用管别人怎么样，你要做的是做好自己，去为自己想要的东西奋斗。我不需要你和任何人比，我只要你和自己比，做好自己就行了。"

当时怨恨，也只不过是感觉父母不在意自己的情绪而已。听了爸爸那番话，我委屈地哭了。我说："你们不要拿我和她比了，从小就被比，我真的好自卑，总感觉自己各方面都不如别人。我会好好努力做好自己，你们相信我好不好？"

自那以后，妈妈再也不跟我说谁厉害，而她想鼓励我时，总是说："你唯一要做的，就是做好自己。"

03

"做自己"就是做自己喜欢的事，充分发挥自己的长处，不急不躁不争，按照自己的设想一步步来，一步步靠近最想成为的自己。

在不再被比较后，我开始做自己喜欢的事，也甩掉了一直笼罩在心里的阴影，不用再事事与阿庭比较，我要选择用自己的方式走出一条路。

　　生活中，我周围没有一个人写作，但我还是执着地敲下一个个的字，用我自己常常在别人面前自嘲的话来说就是："我一个师范学校学管理的学生，最后却走上了文学创作这条路，不过幸运的是，走得还挺好。"

　　如果我不敢真正地做自己，只敢做和别人一样的事，那我可能永远跟文字搭不上边。因为我很喜欢文字，很多时候我写的东西看似是治愈了别人，其实原本是为了治愈自己。

　　一直以来，我家里人不太赞同我走写作这条路。我没有反驳，也没有急着去争辩。我的想法非常纯粹，我现在先为自己的梦想拼一把，反正还有时间，如果以后可以在这条路上发展，那就赚了，不行的话，至少我也为自己努力过。

　　这一路走来，我一直在努力地做自己，并且为自己而去努力。

　　我一直做的都是自己喜欢的事，让自己处于自己喜欢的状态。每天闲下来的时间，别人在追网剧、玩闹，我却在看书、写文章。但我从没把这些当作任务要求自己完成，反倒是很自然而然地去坚持，并且在坚持中体会到了快乐。所以，再累也不觉得累。

　　周围很多人知道我在做微信公众号，总有人问："这是谁帮你做的公众号？"

　　"我自己一个人经营的。"当我给出这样的答案时，他们总是很吃惊，会说："你怎么会有那么多的时间？""你怎么那么厉害？""你怎么有那么多的精力？"

曾经，一个出版社的编辑问我："长长，你文章的浏览量好高，你是怎么把自媒体做得这么好的？"

我一愣，回了句："自媒体具体的定义是什么，我并不清楚，也没有研究过。至于文章，我也没有刻意地去研究，只是尽自己所能去写、去准备。"

"天呐，你真的好厉害。"这是他听了我的回答后的反应。

当你真正找到你喜欢做的事情，你会心甘情愿地为之坚持，并且还是快乐地坚持，你会尽自己所能地做到最好，因为那刻的你，就是在做真实的自己。

04

"做自己"，指的是不用羡慕别人，你只需要按自己的意愿过生活。

《奶酪陷阱》里面有个女生总是模仿女主角。做和女主角一样的发型，穿和女主角一样风格的衣服，背和女主角一样的背包，甚至连女主角喜欢的人，她也想喜欢。

我不知道该如何定义这种行为，但是我可以理解。你觉得别人穿着打扮好，你也想去弄一样的，说到底也只是羡慕而已。但是真没必要"东施效颦"，最重要的是"合适"。

适合别人的东西不一定适合你，你需要做的是找到适合自己的东西。

在现代科技的潮流中，大家越来越多地批量生产出一模一样的东西。这种重复已经够多了，所以，你更需要做独一无二的自己，哪怕你用的是小作坊制造出来的东西，哪怕你身上还带些不那么美好的瑕疵，但那也是最特别的你。

我们不用太在意别人在做什么，以致引起自己的不安，别人终究是别人，别人的成功你复制不来，别人的优点你没有，但同样的，你的长处别人也没有。

所谓的"做自己"，也没有那么高深莫测，只需要你找到自己想要坚持的东西，去一点一点努力，不要被别人的言语和行为干扰，也不需要过分地羡慕别人，你只需要跟随自己的节奏，努力去靠近你想要追寻的东西，哪怕在某一刻不被人理解，但那又有什么关系呢？

来日方长，我们只需要尽力做好自己。

我们都是解决生活难题的学生

01

生活不易，我们不必过于埋怨。

周六，我跟朋友一起吃饭、逛街，路上有一只"大白兔"，站在路边发传单。五月份的武汉，天气已经很热了。我们在路上走着，还需要打太阳伞。身旁的朋友说："这么热的天还发传单，那只'大白兔'真辛苦啊！"

我笑着附和了一句："我们大家都挺不容易的，他是在这里看起来辛苦，而我们是在别的地方看起来辛苦。"

朋友回我说："我们在吃饭、看电影，人家在烈日下发传单，真的很辛苦，你哪里会懂啊！"

02

我又怎么会不懂呢？

十九岁那年，我突然对很多东西有强烈的购买欲望，常常感觉钱不够用，当时又不好意思开口跟父母要钱，就自己出去做兼职。其实，我们做得最多的兼职就是发传单。

那时，通常是我们寝室的几个女生一起去。我们早晨七点左右起床，八点半到固定地点集合，分配完任务后，我们再被送到指定地点发传单。发得最多的，就是房地产的单子。最开始的那家公司，稍微轻松一些，把我们放到指定地点之后，我们可以偷懒，基本是混一天，然后拿钱走人。发传单也是朝九晚五，下午五点钟的时候，每个人能拿到六十元。早上，我们随便吃点东西出来，因为在外面吃一顿饭好贵，所以午饭基本上就是自带的面包和矿泉水，晚上回学校再吃一顿好点的。

后来，我们换了一家公司继续发传单。那是五六月份的样子，天气非常热，公司出于某种考虑，让我们从下午两点开始工作，晚上八点半结束。那是一家很大的房地产公司，公司非常注重绩效——如果我们一天拉不到一个有效客户，那么混一天也没有工资；如果好好干，一天拉到两个有效客户，可以提前结账走人，另外，拉到一组客户外加十元的奖励。

这样的条件很诱人，也很有挑战。我们希望能够早点走，顺便多赚些钱，于是就拼命地拉人，害羞都被我们抛在了身后。我们不想被太阳晒得太黑，出门前，在身上涂厚厚一层防晒霜。我们还开玩笑地说："做一天兼职的钱，还不够买防晒霜。"笑过之后，大家继续做事。晴空万里，几个女生顶着烈日在外面发传单，想想也是蛮不容易的。

有件事，让我至今还印象深刻。那天，我厚着脸皮，拉人推销个不停，甚至哀求一些叔叔阿姨装作要买房，进去帮我拿个小提成，我很认真地拉进了八组客户。到最后结账的时候，负责的督导说，我本来有五组有效客户，但有个销售临走时随意划掉了两组，也就意味着我少了二十元。我很难过地拿着钱，跟销售大吵了一架，为了二十元。

想一想，我真觉得生活不易。我们都知道带大头套发传单比孤零零地发传单多三十元，我们几个都想找这样的工作，却找不到。

刚开始接触社会，想要去赚钱，我们没有太多的选择，就去发传单、做服务员，确实是很不容易，但是最开始的时候大家都这样，以后会慢慢好的。

03

那次跟销售吵架后，我就再也没有去发过传单。我想找份能够证明自己实力，能够让我学到东西的兼职。

后来，我开始写稿子，赚稿费，也做过一段时间的家教，在大二那年暑假，我还准备跟同学进厂。在烈日下晒过，在发传单时被无数次拒绝过，也有累到再也不想起来的时候，但咬咬牙，该干什么还是干什么，谁叫我们对生活有所求呢？

只要你对生活有所求，生活就不会让你过得那么舒服，它总会给你不断地施加困难。就像站在我们面前发传单的"大白兔"，还有十九岁的我，甚至是现在的我，我们有一个共同点，从某个角度看生活得很辛苦，但我们从来没有放弃过。

我有一个表哥，现在月薪近两万元。我跟他开玩笑说："我以后要是能每个月也赚那么多钱，就满足了。"表哥说："**不要觉得别人的一切来得很容易，这会打击你的积极性，打击你本来就没有那么轻松的人生。**"

表哥没有上过大学。现在，他过得不错，但他也有过一段很难的日子。刚刚出去工作那年，他跟着师傅学技术，一般学徒该做的事，他都做了，端茶，递水，做杂活，而且还没有工资。那时，他每个月的生活费还得靠我姑父接济，偶尔给师傅买包烟，就得勒紧裤腰带。

那时，他觉得自己在社会的最底层。但他有悟性，几年学满之后，他出师了。刚接触社会，他也有很多不懂的，有求人的时候，有被看不起的时候，还需要我姐给他疏通关系。他结婚时，新房的首付都是我姑父的钱。

慢慢地，表哥有了一些人脉，积累了一些经验，实力越来越强，赚的钱也多了起来，表哥越来越厉害了。在我眼中，他算是过得很不错了。表哥却说，他过去很辛苦，幸亏熬了过来。他对我说："我现在带的一个新徒弟，是个大学本科生，却连我这个没上大学的也不如，什么都不会。作为一个大学生，还是要有点实力才好。"我知道表哥没有吹嘘，他说的都是事实。摸爬滚打那么些年，辛苦了那么些年，生活总要回馈点什么给他，而那些宝贵的经验，还有今日的成功，就是岁月给他的最好礼物。

现在，他也有生活的难题。他儿子很调皮，不认真读书，嫂子一个人在家带孩子，经常怄火。他赚的钱是比以前多了，可还是很忙碌，他常年在外，一家人待在一起的时间很少，除了过年的那几天，平时都是聚少离多。

04

生活从来都是不断地给我们抛出难题，我们解决完这一个，又会冒出下一个。通过解决一个个问题，我们找寻着自己存在的意义。在解决生活难题的过程中，我们都不会那么轻松。

不管是十九岁站在街头发传单的我，还是现在热衷于写作的我，这一路走来，从来都不容易。此刻，我不需要像十九岁时那般耗费体力，却也免不了另外的辛苦。我只是看起来一副很轻松的样子，其实，生活并没有特别厚待我，让我一帆风顺。

我最近开始失眠，开始真正地觉得压力很大。十九岁，我的烦恼是感情和没钱。现在，我的烦恼更上一层楼，仍然会为钱纠结，可更多的是为未来烦恼，不是迷茫，而是知道了以后该怎走，却担心自己的实力不够，会不会走得很差？如何才可以走得更好？当我把问题缩小，细化到具体的每一步时，反而会紧张兮兮的。

十九岁那年，我跑步是为了排解感情的烦恼，赶走寝室人际的闹心，更是很单纯地为了减肥。现在，我跑步是为了释放压力，消散一切闷在心中的块垒。是的，我想找个途径发泄。

现实中的我们，跟街头那个发传单的"大白兔"一样，很辛苦。我们知道生活不易这个道理，并不是为了放弃努力，因为若是放弃了努力，生活只会更加不易。

真正的勇者，是知道前面有挑战，很辛苦，还是会努力让自己生活得好一点，再好一点。这是生活赋予那些阻碍的意义，一切只是为了激励我们活得更好。

坚持到底，就是咬咬牙而已

01

我敢打赌，大家肯定都有过坚持不下去以致想要放弃的时候。

读大学时，我和室友一起抬饮用水上五楼，每次到四楼时，感觉每级台阶又高又陡，感觉自己一点力气都没有了，马上就要倒下似的，实在坚持不下去了。但是，看着室友一声不吭地用力，想着我们还要喝水，咬咬牙，就坚持下来了。

跑步的时候，我每次跑到第四圈时，就感觉自己达到了极限，脑袋里只有一个念头——这次就这样了吧。但一想到渴望的好身材、好身体，就一遍遍地对自己说："为了瘦，为了美，为了健康，再坚持跑四圈。"于是，一步一步地跨出去，一圈一圈地咬牙坚持，最终也跑了下来。

这些，是我在生活中可以很明显地感觉得到和说得出来的

"坚持不下去"的时刻，是我生活的一部分，但并不是全部。我们坚持不下去的时候，真的远比想象中多。

这么多年，我遇过到无数次坚持不下去的时候，我一直告诉自己："咬咬牙，再坚持一会儿！"

02

最近让我想放弃、让我觉得自己快坚持不下去的事，是减肥和考证。

我之前在公众号上说，我要减肥了，我要每天跑五公里。后来，我真是那么做的。第一天很有激情；第二天腿开始酸了，最想做的就是躺着看电视剧；第三天，下楼梯时腿疼，更加不想坚持了。时间越长，你的耐心耗损得越多，你就越不想坚持。

我是个凡人，我大大方方地承认，我也想过放弃，因为我真的快坚持不下去了。跑在路上，大口灌着热空气，感觉累到了极点。我好想坐在家里，看着电视剧，吹着空调，吃着冰镇西瓜，或者是跟三五个好友坐在小摊上喝着啤酒，撸着串，或者，只是简单地躺在床上也是很幸福的。

当我打算放弃的时候，看看身边不停奔跑的人，一个个把我甩在了身后，看看广场上跳着舞的阿姨们，终于还是不甘心就这么放弃。我一遍遍地告诉自己："再坚持一圈，真的只有一圈！"等到一圈跑完，我再用同样的方式鼓励自己继续坚持，就这样，我坚持到了最后。

当我逼着自己坚持下去的时候，我想的是什么？

一、**我的内在需求。**我坚持下来，我想减肥，我想变得更美、更瘦。在想要放弃的时候，我总是让自己想想马甲线，想想细长腿，想一下自己最初的目标。

二、**我不是一个人在战斗。**看看身边的人，他们都在坚持，他们都在努力，不是他们不累，而是人生真的是一次次逼自己坚持的过程。我总是喜欢问自己："凭什么别人能坚持，我不能？"

三、**我有些在意别人的眼光。**太在意别人的看法，不是一件好事，但是在某种程度上，这种在意可以成为激励你的力量。我跟别人说了，我要减肥，如果我突然放弃了，跑步只跑了一半就坚持不下去了，我会觉得丢脸。我是一个脸皮挺薄的人，我怕自己言而无信被别人笑话。况且，我要是坚持不下去，怎么跟我的读者交代呢？

所有这一切，成为支持我坚持下来的理由。

这世上，让我们坚持不下去的事总是存在的，而且时常发生。我们认识到了这一点之后，找到做一件事的初衷，找些理由支持自己继续走下去。

03

我有一个朋友，刚刚工作那会儿，觉得压力很大，每次在"朋友圈"发的都是她很崩溃之类的话。她跟我聊天的时候，也总是讲自己多么累。有一段时间，她真的快崩溃了，就跑过来跟我说："文，我觉得日子真的很难熬，压力很大，我坚持不下去了，我想辞职。"

当时，我没有附和说我的压力也比较大，生活的确比较难，我只是对她说："你再回去坚持一下，认真工作一个月，再讨论辞职的事，好吧？"

在接下来的一个月里，刚开始她还是觉得自己过得很痛苦。我跟她说："反正你就只需要坚持一个月，好好享受里面的痛苦，就当作是一段经历吧。"慢慢地，她会跟我说她公司的一些趣事，会很开心地说："今天一天没被客户投诉，也没有被骂。"

到了月底，她好开心地跟我说："抱着最后再待一个月，所以好好努力一下的心态，这个月我没迟到，还拿了全勤奖，挨骂也少了。"

我问她："你还想辞职吗？"

她说："有时还是会想，但辞职的欲望不那么强烈了，好像慢慢爱上了这份工作。"

我说："每当想放弃时，就告诉自己再坚持一下，然后一点一点地坚持，也许到了最后，你真的就坚持到底了。"

　　相比于她，我另外一个朋友真的就励志很多。她去年毕业，干的是销售工作，这个月已经成为销售经理了，在同批新人里，算是突出的，准确来说，在整个公司里，她都算是拔尖的。

　　我知道，做销售除了需要口才好，还需要心态好。你不能决定你顾客的言行举止，只能自己调整心态，这会省去很多烦恼。所以，我特意去问她："在工作过程中，有没有坚持不下去的时候？"

　　她是这么说的："做销售这行，绝望的时候不比希望的时候少，最开始，别人都有经验，我没有自己的顾客源，也没有特别多的阅历，只能花比别人多的时间跑业务，从这个客户跑到那个客户那里。我一天最多的时候跑过十个客户，那个走路APP显示的是，我那天走了八公里。晚上，我坐在街边的长条椅上吃了块面包。当时，我真的很想哭，一天十个客户，一个都没成，我看不到一丝希望。在这种情况下，我当然怀疑过自己是不是不适合做这一行，自然也想过放弃。"。

　　坚持不下去的时候，想想生计和你的抱负，你就会多了很多咬牙坚持下去的勇气。坚持，不一定是你的选择，但你没有理由选择不坚持。

04

　　以前妈妈总是要帮爸爸干农活，耕田、种谷子……那时，我还不知道劳累到底是一种什么样的感觉。但是，我总是看到妈妈干活的时候，中途会停下来坐在田埂上，大口喝水，我跟她说话，她都只简单地回我"嗯""哦"……歇一会儿后，她又继续爬起来干活。

我问妈妈："你是不是好累啊？那就该多歇歇啊？"妈妈回答我："真想坐着不起来，可是活还是需要干的，再累也要咬牙坚持干完，很多时候真的不是你不想干就能不干的。"

坐公交的时候，我特别喜欢看窗外来来往往的人，我看到过大热天在马路上忙碌的建筑工人，很早的时候站在路边指挥交通的警察，还有路边摊上大声吆喝着招揽客人的小商贩。在没接触社会之前，我会在心里想："他们怎么那么不怕热？怎么有那么多的精力？怎么可以起得那么早？"

再后来，为了赚钱，我经历过风吹日晒后，终于明白了，不是他们比我们厉害，不是他们不怕热，不是他们更加有毅力，而是，在生活面前，每个人都必须坚持。

每当我坚持不下去的时候，就告诉自己："你有什么资格放弃，咬咬牙再干一会儿！"

PART 3
嘿，不要用过去套住未来

△

我 哪 懂 什 么 坚 持 , 全 靠 死 撑

我不想要有太多套路的爱

01

有一天，我和闺密一起看《女医明妃传》的大结局。我说："我最开始喜欢的就是霍建华演的角色，被他毒舌的另类温柔感动了。"

闺密说，她喜欢黄轩演的角色，从《芈月传》到《女医明妃传》，她一直喜欢的就是他演的角色——大众的温暖情人。

"一开始，我就不喜欢他演的角色，他的温柔给我一种很腻的感觉，没有男儿的阳刚和特别。"我说。

"这是不是也是你拒绝我表哥的原因？因为你想要豪气万丈的爱情。"闺密接着说。

我只是不想要有太多套路的爱，不想要那种被设定好的爱，我需要的爱要用真心表达。

这是我给闺密的回答，也是给自己的回答。

02

我和闺密的表哥相识，是一次误打误撞的机缘。

去年国庆，闺密没买到有座位的火车票。我说："刚好我买到了坐票，咱俩一起吧。"

那一天，在火车站，我发现她带了个男生过来。然后她向我介绍说："这是我表哥，本来买的是早上五点半去福建的火车票，可惜他刚好晚了一分钟，火车刚刚开动了。"

"他要和我们一起去武汉，然后再转车。"闺密又补了一句，"暂且叫他彭。"

彭比我大三岁，对于还在读书的我来说，已经参加工作并且各方面还算绅士体贴的彭，算是一个挺有魅力的男生。

上车后，闺密和我挤着坐，彭就站在旁边。

闺密主动介绍说："文，我表哥现在在福建当公务员，你不是一直有这方面的意向吗？可以和他沟通一下。"

我和他聊了几句，就继续和闺密说话了。其间，我和闺密聊关于衣服、化妆品的话题，彭竟也能主动加入进来。他先把我俩的衣服、发型夸了一遍，然后把人也夸了一遍。

在火车上的时间不长，也就一个多小时。快下车的时候，彭说："文，把你微信号告诉给我吧，下半年出了国考的信息我发给你。"

我也没迟疑，就给他了。

03

回到学校后，看到了彭要加我好友的请求，我同意了。

一开始，他装模作样地跟我分享一些考公务员的经验，到后来，就海聊起来了。

我向来不是自来熟，不是特别投机的，不是认识特别久的，我不会跟对方说太多私人的话题。

和彭认识还不到一天，他发给我的信息就有了明显暧昧的味道。

我立马截屏给闺密看，问她："你哥想干啥啊？"

闺密发了一个坏笑的表情，说："明摆着追你啊，我跟你说啊，我哥的感情经验很丰富，你要谨慎。"

我发了一个炸弹的表情过去，然后说："有你这样的闺密，真是够了。"

那段时间，有点无聊，也就有一搭没一搭地跟他聊着。他会拍他工作的环境给我看，发他的自拍照给我看……

有一天，我正在上课。他发了一张图片给我——在一张纸上写着："文长长，上课认真听讲哟！"紧接着又配了一句："我在开会，突然好想你。"

也许是因为他的字很好看，也许是因为我以前的男朋友没有那么做过，又也许只是因为那天我心情好，看到那张图片后，我美滋滋的。

当时，我问他："这种讨好小女孩的把戏，你玩过多少次了？"

"包括你，我只写过五个女生的名字。"他回道。

我的心咯噔一声！虽然数量不少，但我被他的坦诚打动了，哪怕是伪装后的坦诚。

上一段恋情，前男友对我不够坦诚、不够贴心、不够关心，而他刚好给了我这样的坦诚，我很纠结于这样的示好。

一方面纠结着不想理他，总觉得他太懂女生，另一方面又觉得他的确很能讨我欢心。

04

我在"朋友圈"里说，我好喜欢一个萌宠玩偶。过了几天，彭快递了一个萌宠给我。

我发着心情语录，抱怨着不开心，彭就立刻找我聊天，一眼就看穿我是在纠结前任，还发给我暖心的话语。

彭对我的过分关心，却让我越来越想逃避，甚至反感。

闺密跟我说："文，我哥好早就问了我关于你的事，我都告诉他了，包括M。"

其实，直到这一刻我才懂，为什么那样一个根本不怎么熟的男生能够刚好击中我的内心，不是碰巧，而是他知道怎么做能够讨好我，他知道全部的套路，他恰好是一个恋爱高手。

彭还是继续给我足够的关心，给我足够的坦诚，但是我再也不想跟他说话。我把他的手机号码拉黑，微信拉黑。

最后，闺密跑来问我是不是把他表哥拉黑了，还问我原因。我很直接地说："他的爱太有套路，却没有真心。"

闺密接了句："他很会讨女孩喜欢，情史也很多，有套路，知道怎么追女生很正常，但大多数男生追女生不都是这样吗？"

05

很多男孩子追女孩子的套路确实就是那样，但我不想要有太多套路的爱情。

我记得曾经有一句很流行的话，大意是，女生是男生的学校，懂女生的男生都是被女生调教出来的，经验越丰富，看起来也就越绅士体贴、有魅力。

但是，我不想要有太多套路的爱。

一个男生，如果知道做什么你会开心，然后去做，这不是真正的关心，而是爱情的套路。

就像一个"富二代"男生追求女生，给她买名牌，也用钱给她足够多的惊喜，这里面也许有爱，但我更想说的是，这样的爱可能只是泡妞的噱头而已，全都在套路中。

那么，我想要的没有太多套路的爱是什么样的？

一个男生用真心去对你好，他会带着期待看你接受他的好时脸上的表情，而不是胸有成竹地知道你肯定会感动得稀里哗啦。

他对你好，除了想追你以外，是真的想对你好。他会因为你的开心而很开心，会因为你哭而吓得不知所措。

　　没有太多套路的爱，就是他很虔诚地看待你们的感情，是想用真心对你好，而不是为了泡你而对你好。

　　之前，我过生日时，当时的男朋友想了很久，跑过来问我说："你生日想要什么礼物啊？我纠结好久想了几个，木梳、手镯、化妆品、香水、包，还是要我给你买衣服啊？你最想要什么？我给你买。"他说这话的时候，我看到他脸上满满的歉意和纠结的真诚。

　　我问他："你最想送什么给我啊？"

　　"木梳，一梳梳到底，但是怕你觉得不够浪漫。"他回答。

　　"嗯，那就木梳吧，我会很喜欢这个礼物的。"当我说出这个答案的时候，我分明看到他因为不再纠结而双眼发亮的激动。

　　他大可给我弄一场惊喜，送我喜欢的礼物，可他却傻傻地跑过来问我，送什么给我好，这格外好玩。

　　他平时是一个干脆利落的人，他在爱里面对我的独特，虽傻，却也让我感到他很看重自己送给我的礼物，他很在意我，这是让我心动的地方。

　　我想要接地气、独特、最在乎我的爱。我想要的爱，那只是给我的爱，为我量身定制，只适合我一人，放在张三、李四、王五身上都不成立的爱。在这样的爱里面，我能感受到的是你对我的真心。

姑娘，你所谓的安全感不是别人能给的

01

我经常收到一些私信，问我恋爱方面的事。其中，有一个姑娘洋洋洒洒地写了好多字，说是想让我给她一些恋爱方面的建议，而她的核心问题：在恋爱中缺乏安全感、患得患失，怎么办？

关于这个问题，我真的有很多话要说。

身边的女性朋友谈恋爱后，好多人会患得患失，会担心男朋友跟前女友联系，会担心男朋友跟别的女生走得太近，也会想为什么男朋友没有秒回信息，会纠结半天为什么男朋友赞了那个女生的照片，甚至待在一起时，连男朋友发呆都会去臆想一大堆各种可能。

我不说这种行为是如何不好，大家都是恋爱中的人，会这样很正常。我也有过这么一段没有安全感的岁月。

那时，我在等他的短信，如果他回短信的速度慢了，我会思考半天，他为什么回晚了？是很忙，还是已经不在意我了？然后，具体到短信的内容上，我会特别在意地去研究他的每个用词，甚至会搬出词典去查那个词到底是什么意思，我平常认为的意思是不是对的？这，只是因为太在意他的每一句话、每一个词。

后来，他的每条"说说"（QQ空间）我都会认真地研究，并且在心里默默猜测他说的到底是不是我。如果不是我，那会是谁？我还会认真地看下面的每条评论，会看看有哪些是可疑的，我会特别留意哪些人经常评论他的"说说"，搞清楚对方是男生还是女生。

更深层一些的是，他每次说去找朋友玩，我都会患得患失地问清是男生还是女生。如果是男生，我会暂时舒一口气；如果有女生的话，我会一边说着"玩得开心哟"，一边在心里纠结一整天。

我会很在意他跟他的前任联系，会很关心跟他玩得好的女生的情况，甚至会偷偷拿自己去跟他身边的女生比。因为不好意思，我也会去偷偷问闺密，我和"她"谁更优秀一些，在听到闺密说"我觉得你好一些"的时候，心里会舒服那么片刻，哪怕我知道闺密对我的肯定只是在安慰我。

我也曾经把自己活成了他的附属品，会患得患失，会焦虑，哪怕在别人眼里我并不差。

02

那段时间，我也如私信问我的姑娘一样，极度缺乏安全感。

当时，我很讨厌自己，感觉我活成了自己最不喜欢的那个样子。

我不喜欢那种感觉，自己的喜怒哀乐完全被别人操控，像是丧失了自己快乐的权利，全凭别人给予。

我是那种一旦觉得自己真的很不开心，就会想办法摆脱这种不开心的困境的人。我当时跟我的一个朋友说了我的全部感受，包括恋爱中那些自私的小心思，那些患得患失的感觉。作为一个爱情很美满也很讨喜的人，她直接告诉我："你要知道安全感永远只能是你自己给的，不是他，更不是你们这段感情。"

还好，我的悟性不错。我认可了她说的话，我也想改变，我开始慢慢找回自己，善待自己，而不是依附他人。

自那以后，我每天花两个小时读书，各种书我都会读，最开始我喜欢张小娴，关于爱情的描述很入我心；后来我读亦舒，她笔下的女子很坚强、很独立，哪怕在爱情里，我很羡慕；到后来我读周国平、龙应台，蔡澜的书我也爱；再后来，我不满足于仅仅看这种启发心灵的书，我去看人际关系方面的书、心理学方面的书，还有管理方面的书。其间，我也去看了几本关于减肥和调理的菜谱，也学到了很多实用的东西。

如果要我说读书过程中最大的收获是什么，那大概就是学会了治愈自己。我收获了作者的一些观点和一些技能，最重要的是读书使我真正地充实。

我去办了张健身房的卡，去跑步，去运动，每天变速跑一个小时，一个星期上两节爵士课、三节瑜伽课，还有一节肚皮舞课，我开始在汗水中摆脱各种纠结。其实，我去学舞蹈，还有一个原因就是，我觉得会跳舞的女生很有活力，她们在我眼中特别美，我想成为她们中的一员。

每天运动完，虽然很累，但觉得心灵很轻松，像是摆脱了很大的包袱，再也没有那么多的时间去患得患失。在跑步的过程中，我的脑海里偶尔会闪过我纠结的那些事，哪怕跑得很累的时候。这时，我就会不断地对自己说："把注意力集中在脚下，一定要坚持跑完。"我说服自己："有工夫思考那些烦琐的事，还不如快点跑完，然后回去好好睡一觉。"

我当时的想法很单纯，我想变得更好，不论外在，还是内在。

我开始去取悦自己：偶尔和闺密走心地聊天；和朋友去逛街买自己喜欢的衣服；一起出去寻觅各种好吃的东西；趁着阳光骑车去郊外，去昙华林玩，感受一下文艺气息；去爬山，去各种地方捕捉美妙。

我开始把自己照顾得很好，开始用心地去给自己带来快乐。作为回报，我自己真的很快乐。

03

后来，我学会了一个词：悦己。

哪怕在爱情里面，我们也要首先学会悦己。我把自己的生活过得充实，开始关注自己的事，没有多余的时间去患得患失，至于恋爱，也还是那样相处着，少了几分小心翼翼的猜忌，多了几分坦荡荡的喜欢。

早先，我所谓的安全感很狭隘。我以为，只要那个他好好爱我，我就可以无敌了，也可以安全感满满。其实，这世上哪有靠别人给的安全感呢！现在，我生活得很充实，业余爱好很多，我也很快乐。爱得没那么吃力，两个人的关系却反倒更加好，此刻的我很有安全感。

有一次，几个好朋友在一起讨论各自的感情，V说："你看人家文长长，从来不在我们面前大谈男朋友，也没有我们那么多的烦心事，人家对男朋友抱着爱玩玩、爱去去的心态，他俩的感情还越来越好呢！"

我当时只是笑笑，没说话，也没有解释，哪怕感觉有些别扭。

爱情里面，两个人都应该既独立又相依。我们毕竟作为独立的人而存在，每个人都有自己的事，哪怕你们是爱人，彼此也应该给予对方一定的空间。我和他都很信任对方，尤其是自从我找到自己的安全感后，我们有什么都会及时告诉对方，少了很多隐藏。这是我想要的成熟恋爱。

充实的我，自信了不少，我自己可以给自己带来快乐，懂得独处，也知道如何和他相处。闺密曾经对我说："自信的你，真的美多了。"我想，这句话适用于所有人。

04

我会患得患失，但是已经很少发生了，我已经找到了让自己快乐的秘诀。

他来了是锦上添花，他走了，我照样能把自己照顾得很好，这才是真正的安全感。感情是你生命里的锦上添花，他来了欢迎，热烈地去爱。你大可不用担心他离开后怎么办，你才是自己的依靠，这样的自觉反倒更能够让你们坦诚相爱。

之前，看了《匆匆那年》。我很心疼那个方茴，把重心全部放在一个人的身上，完全失去自我。其实，把自己活成这样的女生，男生也不会喜欢的。反观另外一个女生，她有自己的爱好，大方干脆地爱，我更欣赏她。

有一句话我很喜欢："一只站在树上的鸟儿，从来不会害怕树枝断裂，因为她相信的不是树枝，而是她自己的翅膀。"这是文艺的说法，简单但深刻的说法，就是冯唐在《致女儿书》里面写的："煲汤比写诗重要，自己的手艺比男人重要，头发和胸和腰和屁股比脸蛋重要，内心强大到混蛋比什么都重要。"

姑娘，你要记住，自己有，比什么都重要。安全感这种东西，真的只能是自己给自己的。

你真的没必要跟他的前女友较劲

01

那天，我正在码字，QQ 消息提示音响个不停。我点开一看，发现是小溪。她连着给我发了几张照片，然后问了一句："这妹子好看，还是我好看？"

正写到兴头上，我看了她的消息，没有马上回她，继续码字。

小溪视频通话的邀请马上发了过来，还发来了一串消息："文，快接啊，我有大事跟你商量。"

我接了视频，对面的小溪激动又紧张地跟我说："文，刚刚给你看的照片上的女生，你看了吧，我和她谁更好看？"

"你好看，当然是我们小溪美女更好看啦。"我回答她。

小溪还神秘兮兮地特地压低声音跟我说："你知道吗，她是他的前女友，被我发现她的照片了。"估计小溪也怕被她的男友听到在谈论他，就直接用"他"代替了。

自从小溪谈恋爱后，从她口中听到最多的除了她男友，就是她男友的前任们。

不过也能理解，谈恋爱后，我们最在意的除了男友，就是他的前任们，或许这是女生的天性，就是想关注一下跟我们爱上同一个男人的她们现在过得怎么样。

02

小溪和她男友以及她男友的前任的故事，真的很纠结。

小溪是大二的时候喜欢上涛的，那时候涛是她学长，小溪追涛，而涛正在追另外一个学姐。后来，那个女生很彻底地拒绝了涛，在涛难过的时候，小溪一直陪在他身边，嘘寒问暖、无微不至。最后，顺理成章地，他俩在一起了。

涛跟小溪表白时，她还激动地跑来问我："文，你说我该不该答应啊？他是真的喜欢我，还是喜欢我对他的好啊？"

那几天，小溪很纠结，想答应，但是又怕涛不是真的喜欢她。

最后，我跟她说："你想要跟他在一起，刚好有一个机会，那就在一起吧，万一他突然想通了，真的喜欢你呢，要是错过了，你肯定又要难过好久。"

于是，小溪和涛在一起了。或许因为最开始就不确定涛是不是真的喜欢她，在一起后，小溪真的很没有安全感。

　　小溪从来不在涛面前提涛追过的那个学姐的名字，而涛偶尔聊天提起那个女生的名字，小溪马上就板着脸。等涛意识到自己让小溪不开心了，给小溪道歉时，小溪会嘴里说着没事，心里却介意得要命。

　　恋爱初期，女生怕男生觉得自己太小气，于是在前任的这件事上，表现得特别心口不一。

　　至于她对学姐这个人心里多么介意，我真的很清楚。刚刚谈恋爱那会儿，小溪总是跑过来找我借手机玩，我问她干吗，她说："我好喜欢你手机里的一个游戏，给我玩玩。"我也没在意，就给了她。后来我发现，她经常有事没事总找我借手机，在我的逼迫下，她终于承认，那个好玩的游戏她早不玩了，我就威胁她说："你快说吧，用我的手机到底在干吗？不然，不给你玩了。"

　　在我的威胁下，小溪支支吾吾地说："你加了涛之前追过的那个学姐的QQ、微信，我就偶尔拿你手机去看看别人给她的留言，还有她的一些动态，真没干什么坏事。"

　　在这之前，我已经听说那个女生有男朋友了。所以，当时我也没劝小溪，就让她看吧，等她亲眼看到学姐有男朋友了，就会放心的。

　　果然，在一个下午，小溪拿着我的手机，激动地对我说："文，你看，学姐晒了和一个男生的合照，好多人评论祝福，他们肯定在一起了。真好，不用担心学姐回头了，涛也不会离开我了。"

　　当时，我就觉得这件事终于过去了。学姐有男友了，小溪也暂时不用担心涛会被抢走了。可是，我发现这种担心真的是没有尽头。

大多数女生谈恋爱，会一边跟男友谈爱情，一边跟闺密谈"情敌"。

03

小溪的"情敌探测仪"并没有歇息，还在一直在运作。

今晚，她又探测到了"敌情"，发来了那几张女生的照片，并问我："我和她谁更美？"

对于在爱情里面变得多疑的小溪，我很不喜欢，也没等她继续对我发问，我直接说："这又是你男朋友的哪个前任，你又是如何嗅到的？真是灵敏的鼻子。"

从视频里，还看得到小溪有些失落地跟我说："这是他前女友，也是初恋。我是在他聊天记录里发现的，就去看了她的空间，才找到照片，还删了访客记录。我好难过，他还跟前女友联系，快安慰我一下。"

"他们聊什么了，你那么难过？"我问。

"也没聊什么过分的话，就单纯地寒暄，我气的是他们分手了，为什么还联系啊，之前因为他前女友，我还跟他吵过，我不知道为什么他还会跟她聊天。"小溪越说越气。

"之前你跟涛吵的时候，他说什么了，让你这么不放心？"我说。

"他说他们只是朋友了，还跟我说了一堆大道理，说他喜欢的是我，不是别人，让我相信这一点，不要对自己没自信。"小溪说。

"对呀，那你还继续翻他前女友的动态，活该心情不好。"我说。

"我忍不住啊，我一想到那个女生和我男朋友之前关系那么好，我就嫉妒，我就生气。关键是，他们现在还联系。他安慰我要自信什么的，有段时间我的确没看，但是最近又忍不住去看了。文，我好介意那个女生的存在，怎么办啊？"小溪说。

"亲爱的，我要告诉你三点：第一，你不比她差，你要自信；第二，你没必要和他的前任较劲，她是过去时，你是现在时；第三，如果真的很介意，那你就去跟你男朋友说，告诉他你很介意他们联系。"我说。

小溪说："我觉得你说的话很对，我要去找我男朋友谈谈了，拜拜。"

然后，她挂了视频通话。

04

那次视频通话后很长时间，小溪没有再跟我讲她的男朋友，秀恩爱也少了，我以为她和男友闹掰了，也没敢问。

前几天，小溪给我打电话，说请我吃饭，要谢我。我一脸疑惑，问她谢我啥，她说见面谈。

然后，坐在夜市的小摊前，我们吃着串，小溪突然说："文啊，我真的要谢谢你，谢谢你让我不再深陷于前任恐惧症中。"

"前任恐惧症？"我问小溪。

"其实，我过去一直自卑，怕涛不喜欢我，怕他会跟别的女生在一起，所以防范各种可能出现的情敌。我会去看他的前任和他喜欢过的女孩的各种动态，去揣摩里面的意思，去窥探她们的生活，而从来不敢正面跟涛谈论这个问题，不敢说出自己心中的介意，其实只是因为我爱得卑微，我很自卑而已。你上次说了那些话，我听进去了，跟涛沟通了才发现，都是我想得太多，我真的没必要跟他的前女友较劲，我活好自己就好。"大口喝了一口啤酒的小溪，对我深情地说着这番话。

涛对小溪说的一番话，很打动我："宝贝，她们虽是我的前任，但是我现在喜欢的是你，你要相信这一点，你没必要跟她们较劲。哪怕有一天她们真的反过来说你坏话伤害你，我也不会让你去跟她们较劲，我会挡在你前面保护你，所以你好好相信我爱你就行了，其他的都不该让你烦恼。"

现在小溪和男友很恩爱，没陷入所谓的前女友危机，也没小三危机，小溪现在宁愿看看明星们的八卦消遣，也不愿关心她男友的前任们。

我记得有一句很励志的减肥语，大意是，当你坚持不下去的时候，请想想你前任的现任和你现任的前任们。

爱情是你们俩的，无关其他人。女生没必要跟他的前任们较劲，因为你管不了别人，你能管的只有你男朋友，较劲那么费力

的事让给别人吧，你只负责美就好了。

　　哪里有爱情，哪里就会牵扯到前任。姑娘们，千万不要和前任们较劲，认真你就输了。

我想和你谈场异地恋

01

"长长，我和他异地，我很爱他，但是又觉得异地恋很脆弱，很担心我们的未来。"这是微博上一个姑娘给我发的私信。

我暂且叫她小熊吧。她说她和男朋友是异地恋，男朋友的异性缘也很不错。今天他们见面，她看到男朋友在微信上回复别的女生，她不开心。她跟男朋友说，以后不能随便跟别的女生出去吃饭，不能跟别的女生走得太近。然后，她心里还是不舒服，就来问我是不是她的控制欲太强，她还很认真地问我异地恋是不是很难圆满。

前段时间，网上说异地恋就像是在手机上养个活宠物。在我看来，整句话充满对异地恋的贬低和不看好。

在我眼中，异地恋真的很美好，一段感情没有因为距离而被放弃，反而让两个人更坚持，这种感觉很美。

"你所谓的控制欲只是恋爱中的女生正常的反应，不用去怀疑自己，而且异地恋有其美好的地方，异地恋的情侣往往都更坚强。"这是我给小熊的回复。

02

因为地域上的距离，我才想更加努力靠近你。

大学有个同学燕子，她和她男朋友从大一异地到现在，没有分手，关系反倒越来越甜蜜。

燕子本是湖南人，高考后填志愿来了武汉，而她男朋友在天津。也许是因为距离，他们更加渴望在一起，两个人更加努力去靠近彼此。

自大一开学，燕子就很努力，每次考试都是班级第一，校级奖学金、国家奖学金，每次都有她，她还积极参加沙盘模拟以及营销方面的比赛，还是班上的学生干部、院里学生会的干事。总的来说，她一直因为努力而很优秀。我曾经悄悄问过她："你这么厉害，知识、能力都有了，毕业后打算干什么？"

"我想跟我男朋友考上同一所学校的研究生。"燕子简短又明了地回答了我。

因为想要更长久地在一起，为了长远考虑，燕子和她男朋友都在努力靠近彼此。

因为一段感情，两个人都努力去靠近彼此，让自己变得优秀，然后可以相偎相依，这大概是异地恋最吸引人的地方。

03

异地恋，你会有更多时间做自己喜欢的事，和他在一起认真地谈恋爱，多好！

桃子是我认识的人里面少有的从不羡慕别人感情的乐观派，她和男朋友也是异地，但是从来没有听她抱怨过异地恋的不好。"楼下谁谁谁的男朋友又在等她吃饭，真羡慕"，在别的同学都会说这样的话时，桃子依旧做着她喜欢的事。

曾经，我也很好奇，还试探性地问过桃子："你为什么从来不抱怨你的异地恋，也从来没听你在跟男朋友打电话的时候撒娇任性地抱怨，说他不在你身边多么不好，你很享受异地恋吗？"当初的我，就是这么直白地问桃子。

"我为什么不能享受异地恋？我们彼此爱着对方，刚好异地能够给我们足够的空间做自己喜欢的事，这多好啊！" 桃子这样跟我说。

因为异地恋，你有了自己的空间，可以真正静下心来学习、工作或者提高自己，不必因为想着每天要一起吃饭推迟你没完成的事，不用因为总是要花时间陪对方而什么事都没时间做。

过分地沉溺于恋爱，很浪费时间，只是我们身在其中不自知而已。

　　桃子很爱男朋友，当要去陪男朋友的时候，她会认真地空出时间好好约会，跟男朋友在一起时就好好做一个恋爱中的甜蜜女生。虽然异地，可是他们的关系反倒越来越好，桃子解释说："这是距离产生美。"

04

　　异地，有了距离，感情会更美。

　　因为异地，会更加珍惜和他在一起的时间；因为距离，会更容易感受到爱情的美。

　　不同于一天见一面，或者总在一起，相处时间长了会缺少新鲜感，因为异地的距离，彼此看起来有更多的空间，也有一些神秘感。

　　有时候，一张壁纸用的时间长了，我们都会觉得它不好看了，哪怕当初第一眼看的时候喜欢得不得了，第二眼看的时候也觉得很美。因为我们会审美疲劳。而谈恋爱真的也需要些许的新鲜感，那种神秘感刚好是新鲜感的重要来源。

　　会因为男朋友突然跨越城市来看你而开心很久；会因为要跟男朋友一起出去旅游而事先筹划很久，内心也激动很久；会因为男朋友突然的一句"亲爱的，今天我真的好想你"而甜蜜又心疼很久。这是异地恋情侣的日常，也是能够让他们甜蜜很久的地方。

桃子每天会跟男朋友打电话，五分钟或者更久一点，哪怕只是讲讲今天发生的事。他们会每天很开心地联系，很开心地跟对方说着话，而很多不是异地恋的情侣反而一天都懒得搭理对方几句。这就是异地恋的美好之处，因为距离产生美。

05

关于异地恋，我想最重要的就是信任、理解和沟通。

分隔两地，需要对彼此更加信任。我身边有那些异地恋也很幸福的例子，他们之间的共同点是很信任彼此，用一句很接地气的话来说，就是两个人给彼此的感觉都很靠谱。

关于沟通，我觉得任何关系都需要沟通，但是异地恋尤其需要。彼此见不到对方，看不到对方的表情，甚至经过电话传递过来的声音，又或者从冷冰冰的手机屏幕上传来的字句，有时候都不能明确对方要表达的语气，这些都决定着你们之间更需要沟通。

对彼此有不满意的地方，就直接说出来，有则改之，无则加勉。毕竟，愿意解决问题，也是因为我愿意和你继续走下去。有不开心的事情，想要他的安慰就直接说，也不要让他猜，就算他猜错了，也并不代表他不关心你、不在乎你，毕竟隔了那么远，中间的很多情况他也是通过你才知道的，而且男生有时候也真的不愿意猜。

因为异地，你偶尔会觉得别人的男朋友那么好，而你的他不在身边，感到很委屈、很窝火，这很正常。但请你记住，并不是他不愿意给你同样的贴心和爱，只是他不在你身边，你们需要理解彼此。

异地恋，是更需要坚持、更需要爱的恋情。嘿，我爱你，所以我愿意和你来场异地恋。

女生就是喜欢听"我爱你"

01

看《奇葩说》，颜如晶控诉陈铭说，每次吃饭的时候，他老婆总会跟他打电话，陈铭就和他老婆谈谈谈，有次她好奇，就去听他们到底在谈什么，什么事这么重要，非要在吃饭前说，结果就听到陈铭说："嗯嗯，我很爱你啊！"

陈铭的老婆是谁，是武汉大学的一名老师。陈铭曾在《奇葩说》里透露说，他老婆在学校是他的领导。这么一个很能干的女子，竟也喜欢听自己的另一半告诉自己"我爱你"。

似乎真的没有女孩子能够抵挡"我爱你"这三个字，尤其这三个字还是从自己喜欢的人的嘴巴里说出来的。

后来，我们知道了英文的"我爱你"是"I love you"。于是，男生写给女孩子的情书里，都会在喜欢的女孩的名字后面写上大大的"I love you"，似乎这样就表达了自己内心的感情。而女孩们在看到那句最能代表表白的情话时，大多会因为害羞，脸变得红红的。然后，把那张写有"I love you"的情书放在书下面，偷偷看一眼就给遮住了，虽然羞涩，但也是满满的甜蜜。

很多人都是从"I love you"，才知道了"我爱你"。

在私底下，姐妹们会开玩笑说："今天谁谁谁是不是又给你写情书了啊？"你会装作不在乎地否认说："没看！"可是，一想起那张漂亮信纸上写满的"我爱你"，心里还是雀跃不已的。

很多年后，你见了更多的人，经历了更多的事，很多事慢慢被遗忘，但你肯定不会忘记当初给你写情书、对你说"我爱你"的那个家伙。当朋友聊天时说起那个人的名字，哪怕你连他长什么样都不记得了，但你会暗暗对自己说："就是那个家伙，曾经在给我的情书上面写满了'我爱你'！"

02

女生对"我爱你"这几个字的痴迷是很单纯的，没有成人世界的利欲熏心，仅代表的是自己被别人欣赏了。

我身上有值得被别人喜欢的优点，我很开心。这时的"我爱你"只是一把提早打开少女世界的钥匙，让我感受到了被喜欢的开心。

等到后来，开始真正爱上一个人的时候，一句"我爱你，做我女朋友吧"，带给女生的，除了认可感，更多的是恋爱的感觉。

你想要和我在一起，你喜欢我，肯定代表着在某些方面我是被你认可的，甚至在某些方面我是有魅力的，才会被你喜欢。"我爱你"是表白专用术语，也是我被你认可的一个象征。

在恋爱中，时常把腻得要命的"我爱你""宝贝""亲爱的"挂在嘴边，这才是恋爱的感觉，让局外人肉麻的称呼和亲昵行为，才是恋爱中男女的真。

被一个没有血缘关系的人喜欢，这是多么神奇啊！

在《欢乐颂》中，在奇点一句句"我爱你"的表白下，安迪答应和他在一起后，不食人间烟火的安迪也突然开始会思念，她觉得"男朋友"真是个神奇的词，竟然让自己开始思念一个人，会在听到从他口中蹦出"我爱你""我想你"时，心里满满是甜蜜。或许，这就是"我爱你"所具有的魔力。

不是我缺爱，才要求你时时刻刻地说"我爱你"。我有家人给的疼爱，我要的只是被你喜欢，我想知道在你心中还是有我的。第一次被一个与我没有血缘关系的人喜欢，而且是因为爱情，我心中是雀跃的，这时候的"我爱你"，听上一百遍都不觉得厌，而感觉到的是满满的甜蜜。

等到感情趋于稳定，变得平淡了，两个人关心的更多的是如何生活得好。于是，柴米油盐酱醋茶被谈论的次数远高于"我爱你"。

可是，女生天生就是浪漫的。我们永远不会听厌"我爱你"这个词，哪怕在这之前你已经说过了几千遍、几万遍，我们就是热爱这个词。

女生大多比较敏感，偶尔会患得患失，偶尔会怀疑自己，有时会对一段感情产生太多的不确定感。比如我，有时早上睡醒了，睁开眼的那刻，会觉得心里空落落的，会突然感觉有些东西把握不住，也不知道睡了一晚上，周公对我做了什么，反正就是感觉没有安全感，还会缠着男友一遍遍地问："你爱不爱我啊？我怎么感觉你有点不喜欢我了呢？"等他说出那句："宝宝，我最爱的就是你了，乖啊！"我的失落感，会一扫而空。

03

不管一个女生多么厉害，哪怕她已经成了女强人，又或者是新一代的superwoman（女超人），但她总是一个女生，总会有脆弱的时候。这个时候，"钱、包包、化妆品，还有最新款的衣服"都不能真正地让她瞬间无坚不摧、满血复活，但是"我爱你"却可以做到。"亲爱的，因为我爱你，所以我很心疼你。你这么累了，就休息一下吧，工作不喜欢就不做了，大不了我养你！"没有什么能够比这样的话更能让我们治愈。

爱是最能给人力量的东西，更何况是爱情里的爱。一切都抵不过"我爱你"。

其实，一句话的魅力真没那么大。真正让我们感动的是那句"我爱你"背后传递给我们的东西。哪怕生活给我们很大的磨难，

一想到我最爱的人也最爱我，我怎么都不算是一无所有。

在王小波和李银河合著的《爱你就像爱生命》中，王小波写给李银河的每封信里几乎都有"爱你""我爱你"。而里面有一句我特别喜欢的浪漫又专情的话："我把我整个的灵魂都给你，连同它的怪癖，耍小脾气，忽明忽暗，一千八百种坏毛病。它真讨厌，只有一点好，爱你。"

聪明如王小波，写透了爱情，却也选择用"我爱你"这种直接方式表达自己的情感，懂得情感的李银河也恰好吃这一套。两个文学人士的爱情表达不断带着"我爱你"这样的字眼，这只能说明，女生对男生说的"我爱你"真的很受用。

爱情中，我们会突然没安全感，会突然多了些受挫感。哪怕心底知道你是喜欢我的，我也需要一遍遍地确定你真的是喜欢我，不需要你一遍遍地夸我"你那么厉害""你那么漂亮""你那么努力"……告诉女生别的都没用，你只用一遍遍不厌其烦地对我说"我爱你"。

也许，你的"我爱你"并不能帮我解决所有问题，但我有时就想任性一把，将什么"坚强""自强"全抛在脑后。"我爱你"，此话于我，就是治愈心灵的最好良剂。

喜欢我的人多着呢，你算老几

01

深夜两点，我被阿杉的电话吵醒，一边觉得莫名其妙，一边接了电话，还没等我把"打扰我睡觉"这类话说出来，阿杉哽咽的声音就从电话那边传了过来："文子，我和他分手了。"

当时我的困意一下就没了，一边安慰着阿杉，一边问她为什么。

六个小时前，我们一起撸串的时候，阿杉还要我准备好份子钱。六个小时后，只剩下哭得惨兮兮的她。

大概原因是，阿杉发现了男友和另一个女孩玩暧昧，阿杉跑去问男朋友怎么回事，他没有解释，直接说分手。

在阿杉哽咽着说完一切之后，我很直接地跟她说了一句："他根本不喜欢你，就等着你跟他提分手呢，何必还让自己那么难受？"

我说的话有点重，一是想让阿杉看清现实，不要太难过，二是我真的很气那个男生做的一切。

02

那天晚上，我跟阿杉讲了我的故事。

之前，我喜欢过一个男生，他很高、很清秀，声音很好听。当时，我真的很迷恋他，每天总想着找各种理由跟他说话，每天盼着他的短信，还会因为他的短信只有几个字而难过，会猜想他今天是不是不开心，是不是我之前说错了什么话，反正对他，我是很慎重地喜欢。

听朋友说，他现在喜欢另一个女生，为那个女生做了很多事，可那个女生还是拒绝了他。我还从别人那里听说他之前还特意写了一首歌送给初恋，还有对初恋的好姐妹各种巴结似的讨好。而这些，他全部没有为我做，可当时我还是喜欢他，虽然知道了那些事之后我心里很失落。

在某个晚上他喝醉了，跟我打电话说，他今天喝了好多酒，因为那个女生拒绝了他，到最后那个女生抱着他，求他少喝点。他还说："喜欢别人好累，要是我喜欢你就好了，肯定好轻松的。"也不知道是喝醉了，还是别的什么原因，他突然对我说："你愿意当我的女朋友吗？"

不知是太想照顾不爱自己的他，还是我真的很贪恋对他的喜欢，我也就当真地答应了他。

我一直告诉自己的是，跟我在一起后，他会好好喜欢我的，那个喜欢而没有在一起的女生，他肯定会忘记的，现在他的重心肯定会是我。

可似乎并没有什么变化，我还是自卑地喜欢着他，只不过，他心情好的时候会在短信里面亲昵地称我一句"宝贝"。

我真的很贪恋这种喜欢，哪怕并不是真的。

03

在这段只有一方不断付出的感情中，**我的心像一下子失去了那根牵线的风筝，一下子摔到了地面，如此冰凉，如此疼痛。**

我知道，他不喜欢我，只是我一直以来不愿意承认。

那天晚上，我约他见面，直接问他："你有没有一点喜欢我？不能忘记她和我好好相处吗？"

面对这两个问题，他沉默了，没有回答我。

我转过身，走了。答案，我已明了。

我没有再给他发短信，也没有回他的任何消息，哪怕那晚我也像阿杉一样哭着跟我的闺密打了一夜电话，因为我还喜欢他。

我并没有删他的QQ、微信以及其他联系方式。后来，他有找过我，说要回心转意，我仍然没有回他的消息。

再后来，我看到他在微博上发了他和另外一个女生的合照，并说"我和她"。我并没有想象中那么难过，甚至还在心里真挚地祝福他。

04

关于我是如何度过那段不被喜欢的人喜欢的失恋岁月，我是这么告诉阿杉的。

哭了一夜之后的我，开始认清他真的不喜欢我这个事实，哪怕很难过，但是我还是一遍遍地告诉自己："他又不喜欢我，何必自作多情。"

正视了问题，失去了所谓的支撑，反倒变得更坚强了，毕竟接下来的征途，还得靠自己单枪匹马去战斗。

我开始在心里想："为什么他不喜欢我？那个女生很美吗？她很聪明吧？我哪点比不上她？"然后，我一边难过地想着我不被爱这件事，一边在心里发狠地对自己说："我要变得聪明、漂亮、大方得体，我要变得优秀，为了向他证明我不差，也为了争一口气。"

后来，似乎连这种想要向他证明自己的积极性都没了，我开始真正接纳我不被他喜欢这件事，并且坚信：**他是命运派来渡我的，他的到来让我上了失恋这一课，他的使命完成了，也该离开我的世界了。**他不喜欢我，真的没有关系，未来的路上总有人是喜欢我的。

你不喜欢我，我不怪你，因为我也不喜欢你了。在跑了几十万公里，看了一摞摞的书之后，我终于自信地敢爱人了，也收获了一段很好的爱情。

　　"你不喜欢我，不是因为我不够好，而是因为你眼光太差，不过已经没关系了，反正你也不值得我喜欢。"这是我对自己说的，也是为了安慰阿杉说的，更是对每一个想被爱的人说的。

　　擦干眼泪，天亮以后还是一个美人，还是要好好学习、工作，还是要继续相信爱，千万不要让不喜欢你的他得逞，因为没有他的呵护，我们也可以好好爱自己。

PART 4
你若无聊，那就没得聊

我 哪 懂 什 么 坚 持 , 全 靠 死 撑

爱情都是自私的，你我的都是

01

昨晚，闺密跟我说："为什么他一跟我提他的前女友那些事，我就特别想克制自己的爱，不想去喜欢他了？"

他，是闺密最近喜欢的一个很优秀的男生。

我说："也许你是觉得他的初恋不是你，你觉得她霸占了他的过去，所以你不甘而又无能为力地想放弃他。"

然后，闺密接了一句："我真想他们永远在一起算了，反正我觉得我喜欢他很不值得。"

末了，闺密还问我："我这样喜欢一个人，是不是很病态？"

爱一个人本来就是自私的，哪怕在别人面前我们的心胸很大，但唯独对他不可以。

02

那时，男朋友和哪个女生多说几句话，我就可以别扭半天，我会故意在他跟我说话的时候不理他，等他把我哄好后，发一通牢骚，嘴里说着不许他和那个谁多说话。

占有欲和吃醋是伴随爱产生的，这些都是爱情的征兆，也是我们自私的证据。

我为爱情做过最自私的事情，是我让我的男朋友跟他的女性朋友彻底不联系。那段时间，他们关系很好，我看着她指挥着我的男朋友做这个做那个，帮她买这个买那个，真的很生气。

一来，我都舍不得这样指挥或欺负我男朋友，我更不愿意别人那样对他；二来，我吃醋，凭什么她把我男朋友占为己有般地那样用，搞得好像她才是他的女朋友。

爱情熏心的我，当时吃醋了，很嫉妒。加之那个女生一直很主动，她的主动让我很有压力，我的心情就像昨晚闺密的一样。我甚至想过，既然她这么想把我男朋友占为己有，那我让给你算了。我也试图克制自己不去爱他，更想过因此而结束一段感情。

看吧，我也有过想要完全霸占一个人的自私想法，我也是一个自私的人。

03

后来，我跟男朋友说："你们的这段关系让我很有压力，我并不是一个大度的人，我想要你们保持适当的距离。"

我承认自己在爱情里面小心眼。在爱情里面，我就是自私的，我也懒得在别人面前装大度而让自己难过。

男朋友去跟那个女生说了，说想要保持一定的距离，因为作为女朋友的我不开心。那个女生很生气，骂我小心眼，说我没信心。

因为她的那几句话，我难过了好几天。后来，想想觉得也没有必要难过。在爱情里面我没有足够的信心，是因为我爱他，怕失去他。我不喜欢我的男朋友是别人的仆人，哪怕是我也不可以过分地使唤他，这就是我的自私。

我们都很喜欢暖男，可是如果他对所有的人都暖，就算他再好，我们也不敢喜欢。暖男，不是中央空调，而是他只暖你一人。**这是爱情里的自私，这是爱。**

如果用平常我们衡量别的事物的标准来衡量爱情，我们大多数人都是自私的。

爱情里面的自私，其实是爱。

04

时隔这么久，我也思考过当时的做法到底对不对。

闺密说："我感觉自己的想法好自私。"

我说："这不是自私，因为你爱他，所以才会吃醋、难过，这是爱的表现。当然，因为怕伤害，想要离开一段感情，这是由于我们在爱情里面还不够成熟，不是病态，是常态。"

我们爱一个人，会把重心放一部分在他身上，会为他吃醋、不开心，又或者会管着他，这是恋爱中的人都会有的经历。如果你说你在爱情里面不自私，那么有两种可能，一是你真的很大度，二是你并没有那么喜欢这个人。

我弟的女朋友也喜欢管他，而他也跟我抱怨说她管得太多。然后我回了他一句话："如果她对你不闻不问，像上次感冒了她不给你送药，你难过了她也懒得关心，你喜欢这样吗？"

我弟摇摇头，嘀咕了一句："那我宁愿她管着我"。

当然，我们需要给男生一些自己的空间，适当自私。

亲爱的姑娘，在爱情里面其实我们都是自私的，你并没有病态，只是你爱得有点满，记得留点关心给自己。

05

我们该怎么坦然面对我们的自私？

首先，我们要正视这个问题，我们要承认在爱情里面的我们就是很自私，但这真的很正常。

其次，在我们对男友表现出控制欲的时候，请适度，给他们一点个人的空间，毕竟过分管束会造成一个人的逆反心理。

　　然后，请和男朋友多沟通，多交流你们的想法，告诉他你为什么自私，让他懂你。

　　最后一点就是，爱一个人，不要太满，爱他六分，留给自己四分，这次不是因为自私，而是对自己负责。

　　适度的自私是爱情所必需的，我不希望你变得更自私，但希望你的自私在爱情里面有处可放。

一辈子很长，要和有趣的人在一起

01

阿夏在"朋友圈"发了一张她和大熊的合照，并配上"我们"两个字。

底下的评论超级热闹，大家都在惊讶，我们的女神怎么会和大熊在一起，包括我。

我赶紧截图这条状态，然后发给了阿夏，还加上一行字："你是不是玩游戏输了？这张图是惩罚吧？"

过了一会儿，阿夏回我说："不是游戏，文，我真的和大熊在一起了，祝福我吧。"

我说："你是我们心中的女神，也一直没有找男朋友，我们都以为你肯定在等一个很好、很优秀的男生，为什么会是大熊啊？"

"因为大熊就是我一直等的很优秀的男生。**这辈子很长，如果**

单纯地去跟一张很帅的脸或者一摞很高的钱相处下去，真的会有觉得无味的一天。我不想以后那么乏味，我要和有趣的人在一起，就像大熊。"

02

阿夏是在一次活动中认识大熊的，因为工作上的需要，就互相加了微信。

阿夏是一个美得像从电视里走出来的人，身边有很多人追她。一般男生知道她的联系方式之后，就天天很亲昵地跟她发消息。但大熊跟其他的男生都不一样，他找阿夏的时候都是因为工作，也没有很自来熟。

有时候，阿夏看大熊的"朋友圈"，会发现这个男生真的很不一样，生活每天都过得很新鲜，而且也总是充满热情。

阿夏和大熊正式熟络起来是在同事的生日聚会上。那天同事生日请吃饭，请了大熊，也请了阿夏。吃完饭，他们一起玩起了"狼人"，在玩游戏过程的中，阿夏突然发现大熊好厉害。

比如，抽到的是狼人时，大熊可以杀掉自己，然后混淆视听，最后帮助狼人们赢得胜利。而玩游戏期间，大熊的逻辑推理能力也是没话说，还会说一些很好笑的话。总之，用阿夏的话来说，就是和大熊相处时，玩得很开心。

阿夏说："找个能够总是逗你开心的人就很不易，而遇到一个

很有趣，和他在一起总会有很多开心事发生的人，我觉得这个更
珍贵。"

一起玩过游戏后，阿夏突然对大熊产生了兴趣，会更加留意
大熊的"朋友圈"。在看到大熊发的一张垂钓图后，阿夏评论了一
句："好性情，下次出去钓鱼带我一个。"

过了几天后，大熊真的约了阿夏去钓鱼。大熊似乎去的次数
比较多，对那个地方比较熟，知道哪个位置好，哪里的鱼容易钓
起来。他跟阿夏讲了很多关于钓鱼的方法和技巧。

那天，阿夏也跟大熊聊了好多。她发现大熊每个周末都会出
去玩，给自己找到不同的生活体验。她挺羡慕大熊的这种生活态
度，就说："下次有好玩的，记得约我。"

一天结束的时候，阿夏感觉时间过得太快，他们还有很多话
没说，而她对大熊的兴趣更大了。

03

在无数个共同相处、彼此了解的日子中，阿夏对这个认真生
活的有趣男生越来越感兴趣。

大熊跟阿夏相处久了，也发现这个漂亮姑娘没有想象中那么
"高冷"，很善良，很热爱生活，后来对阿夏越来越好了。

阿夏生日的时候，大熊带阿夏去蛋糕DIY店，两人一起做了
一个心形的蛋糕，涂奶油雕花，一切都配合得那么好，还共同完

成了很多可爱的饼干，hello kitty、叮当猫、阿狸、火车、房子、520等各种形状。

一切完工后，大熊捧着心形蛋糕和一起做好的饼干对阿夏说："**阿夏，我不是那种长得很帅的男生，也不太会讨女生欢心，可我喜欢你。我不能保证跟我在一起后，你的一切都可以很顺利，但和我在一起后，我会让你每天都过得很开心、很有趣。**"

于是，阿夏就和大熊在一起了，也就有了前面发生的那一幕。

我问阿夏："大熊做的哪件事，打动了你，让你很想和他在一起？"

阿夏说："没有具体的事，大熊为我做的每件事其实都挺让我感动的。但你知道吗，就算他在大街上摔了一跤，大家都在哈哈大笑，他也不会觉得尴尬，反而会从另一个角度想，觉得自己让大家都很开心了，觉得他摔了一跤让大家有了个好心情，这很值得。也许正是因为他的这种乐观积极的心态，我才会觉得他很有趣，才会喜欢他。"

你总会被一个人的某些特质吸引住，这也是你潜在的找男朋友的标准。而对于阿夏来说，她就是想和有趣的人在一起。

04

我点回阿夏的那条状态，仔细地看了下大熊的照片，发现他除了长得有点胖之外，也还好。仔细翻看阿夏前些日子发的状态，发现这段时间她的生活真的很欢乐。

上个星期去爬山，上上星期骑车郊游，还有看樱花、玩密室逃脱、玩蹦极、野外烧烤……生活丰富多彩。关键是，每张照片里面的阿夏都笑得很开心，是一种从心底里燃起的开心。一向"高冷"、拍照也从来不笑的阿夏，自从认识了大熊，竟有了这么活泼的一面，挺好的。

我发现，大熊拍照的技术不错，阿夏拥有了一个会拍照的男朋友。突然想起了之前看到的一句话：**看一个男生会不会拍照，看看他镜头里的女朋友就可以了；看一个男生值不值得爱，就看那个恋爱中的自己。**

跟大熊在一起后的阿夏，生活变得有趣了，人也越来越美，真的是一段美好的恋爱。

我好像突然有点明白阿夏了，打下了这么一行字："一辈子很长，才更要和有趣的人在一起，那样生活会多很多的欢喜，你也会多一些欢愉，祝幸福。"

一辈子很长，和有趣的人在一起，去感受这个每天都可以不一样的新鲜世界，我们这辈子也会少掉很多拧巴的岁月。哪怕一辈子也许没那么长，我也愿意和有趣的人在一起，因为人生那么短，我只想把我的精力和时间浪费在有趣的人和事上。

一个优秀女朋友的基本标准

01

我有一个好朋友唯唯，她很爱作，因为男朋友晚接电话可以吵一架，因为男朋友做事不称心可以闹一顿，甚至男朋友对她太好她也有理由闹情绪。

因为之前是室友，我亲眼看到她前一刻跟男朋友你侬我侬地煲电话粥，后一秒就说要分手，当时就分了，最后，她又哭得稀里哗啦地跟男朋友和好了。她的最高纪录是一天跟男朋友分手三次，和好四次。奇怪的是，她这么作，男朋友反倒越来越爱她。作为一个女朋友，她是成功的。

我的另外一个好朋友依依，对男朋友很放纵，男朋友玩游戏，跟兄弟去通宵，她通通不管，男朋友跟玩得好的女性朋友一起去吃饭，会主动告诉她，但她知道了也不吃醋、不嫉妒、不难过。

他们每个星期会见一次，而他俩有过一个星期不联系的记录。她和她男朋友的感情也很好，已经见过双方家长，准备今年结婚。

至于我，跟男朋友在一起，有时候可以像双面胶一样黏住他，非他不能活的感觉。有时，独立得像女强人一样，一副爱干啥干啥的样子。我会为他的生日精心准备惊喜，也会因为他和他的女性朋友见面闹得要分手，会努力很识大体地出现在他的朋友们面前，也会在他面前撒娇加上无敌耍赖皮。我和他的关系一直都很亲密，情人间的那种无话不说和深度信任都存在。

第一次和他谈恋爱，第一次做他的女朋友，我一直在思考怎么做一个优秀的女朋友，从我和他在一起的那一刻到此刻。

而我也似乎摸索出了一些恋爱中适合女朋友们用的好规则，简称我眼中的女朋友条例。

02

条例一：懂得理解、包容和体贴他。

男女本身存在很多的差异，决定了男人和女人在很多地方会不一样。

澳大利亚研究身体语言和行为学的专家皮斯夫妇在大量的研究和调查后认为，男女头脑的差异决定了男女之间的行为能力、生活方式和男女交往等方面的差异。

我这里想说的就是，要明白男女思维方式的不同，就像《男人来自火星，女人来自金星》那本书里所说的，**女生的思维偏向于注重人的感受，男生的思维偏向于注重事实和事理。**因为本质上的不同，所以想要和男生很好地相处，女生们就要认识到这一点，并且多多去包容、体谅男朋友。

对于女生来说，首先，要理解男生在恋爱中是一个"笨蛋"。比如，他们有时候不会设身处地地去体会女朋友的情绪和感受，也无法体会我们可能比较纤细敏感的心思，有时也没照顾好我们的情绪。在这些问题上，我们要对他们表示理解。

其次，就是女生要对男生的工作、生活以及一些做法表示理解。知道他们有压力，懂得他们也有难处，偶尔对于他们的小情绪能够理解，并且能够体贴他们，这些都很重要。

理解他的爱好，了解他的朋友圈子，尊重他的工作。善解人意的女生往往更容易被喜欢。

03

条例二：**要让他需要你，并且让他感受到被你需要。**

让他需要你，一是肯定你的存在，二是让他在某些地方离不开你，你对他来说是独　无二的。

比如，你会做他最爱吃的那道菜，那种好吃是别人做不出来的；你会在工作上帮助他，是别的女生无法替代的那种帮助；你会整理好房间，并且他还习惯了你给他摆放东西。

对他来说，你是独特的，你有属于你自己的特长，而他也喜欢你的这种优势。

这种让他需要你，是为了获得他更多、更稳定的爱，也是为了让你们的关系更长远稳定。

让他感觉被你需要，就是你要给他属于男人所需要的存在感、满足感和安全感。

最简单的例子就是，你打不开瓶盖，然后需要他帮忙，那刻他就找到了自己的存在感。当然，这不是叫你当一个打不开瓶盖的女生。

既让他需要你，也要让他感觉其实你也很需要他。

04

条例三：和他在一起，也要有自己的圈子，有自己的爱好。

独立、自信、稍有神秘感的女生最迷人。

你爱男朋友，也要有自己的生活。

你有自己的圈子，自己的朋友，你们可以一起去逛街，一起去吃吃喝喝；你有自己的爱好，喜欢画画的可以用画画打发时间，喜欢看书的就多看书，喜欢旅游的就到处走走；你有自己的生活，你需要他，但并不是一定要依赖他。

拥有自己的生活，不会把全部的重心都放在男朋友身上，打破自我的平衡，避免被冠上"祥林嫂"的称号。让男朋友知道，我并不是非你不可，你来了是锦上添花，你走了我也可以生活得很好。反而这样，男生会更加珍惜你。

独立、美好的你，会更迷人。

05

条例四：学会不断更新自己，坚持美丽，学会做美食，学会照顾自己和照顾他。

大众都喜欢长得好看的人，男生们也不例外，他们更爱美女，也希望自己的女朋友很漂亮，为了面子，也为了赏心悦目。

女生在注意提高自己的内涵的同时，也要尽量让自己变得好看些。**坚持运动，学习化妆，学会搭配，哪怕有男朋友，这些也是需要一直坚持的。**

为了在男朋友面前展现出漂亮的自己，也为了遇见更美好的自己，坚持美丽，这一项是必需的。

此外，还要学会做美食。让一个男人喜欢你，得让他的胃离不开你。会做饭是贤妻良母的必备条件，也是能够让你男朋友更爱你一点的加分项。

当然，你学会照顾自己的同时，也要学会照顾好他。

学会更新自己，要保持进步，像软件一样更新自己，不管是哪个方面。不需要做到最好，适当提升，让自己愉悦就行，也让他欣喜。

06

条例五：爱他，并且给他面子。

爱是一段感情的基础，你爱他，才会心甘情愿地为他付出，才愿意做他的女朋友。

爱他，也要爱他的家人、他的朋友。

在生日的时候，可以用心准备一份礼物，不仅女生，男生也是需要惊喜的，有时候也可以很直接地跟他说"我好喜欢你哇"，让他知道你喜欢他。当然，爱他，也需要爱他的家人，尊重他的朋友。

给足男生面子。和他出去玩时好好打扮，让他身边的人知道他找的女朋友干净、优雅、有气质。男人很看重面子，也要求自己的女人能给他面子。深层点的就是，在外人面前，女朋友可以当个小女人，让男朋友好好当一次大男人，哪怕在家里你男朋友对你言听计从，在外面你也需要乖乖地当个好宝宝，听他的话。

有时候，单单只是因为你爱他，在很多方面，你会无师自通。

07

一个好女朋友的基本标准是什么，我觉得最好的标准就是没有标准。因为以上这些，在你爱他的时候，你已无师自通，并且会用你自己的方式在爱他的过程中展示出来。

唯唯对男朋友"作"到极限，但她成功地让男朋友找到了存在感，她男朋友知道唯唯很需要他，她也向男朋友清楚明白地表达了"我很爱你"。

依依对男朋友放纵到极限，可是她给足了男朋友面子，而且会在他生日的时候很用心地准备礼物，会理解男朋友的一些做法，她很喜欢她男朋友，而且她做饭好吃，人也漂亮，关键还聪明。

至于我，我也在用自己的方式去爱男朋友，在做一个好女朋友的路上，我也一直在摸索与探究，从而让自己不断地去更新，去做一个更好的女朋友。

恋爱中的每个女孩子也都在用自己独一无二的方式去爱着那个他，有爱，有真心，就是优秀的女朋友。

我第一次做你的女朋友，你也是第一次当我的男朋友，有做得不好的地方，还请多多担待。

找个爱你且有能力的男朋友

01

昨天，栗子跑过来问了我一个问题："我爱一个人，但是并不是很喜欢他，我该不该和他结婚？"

栗子算是我的一个读者，平时比较聊得来，听到她这样的问题我很好奇，就回了句："为什么会爱而不喜欢？"

栗子说："我男朋友是我最爱的人，我也只爱过他，但是，我觉得我从来没有真正喜欢过他。因为他有很多我不喜欢的缺点，比如从不送礼物，生活、工作上不能给我一些建设性的意见。**我认为喜欢和爱的区别就是，喜欢一个人，就是因为他性格好、长得帅等优点，而爱就是不管他怎样，哪怕你知道他有剧毒，你也离不开他。如果他要死了，我愿意用我的命去换他的命，但如果他好好的，要我和他结婚，我却会纠结一下。"**

　　思考片刻，我在心里做了一个小小的推断，然后对栗子说：
"还是冒昧问一句，你男朋友是不是在工作、生活上没有你厉害，
或者平时更多的是你照顾他？"

　　栗子跟我说，她男朋友的确工作能力欠佳，很多时候也缺少
主见。

　　这种感觉就像是，你打心底里知道男朋友的能力不够，不愿
意将就，但是又舍不得离开他，一来怕他难过，离开你不行，二
来你也习惯了他的依赖。

　　**你爱他，他也喜欢你，而你想离开他就是因为你觉得他不够
上进、能力不足。**

02

　　栗子跟我讲了她和男朋友的相识。

　　栗子读大学的时候，因为周围的人都恋爱了，所以她抱着为
了恋爱而恋爱的目的也开始了恋爱。现在的男朋友追了她，当时
她也对他有些好感，两人就在一起了。没有轰轰轰烈烈的表白，
也没有刻骨铭心的相识相知，就如大多数普通的恋爱一样，水到
渠成，他们就在一起了。

　　当时也没有考虑太多，就图个喜欢。在一起后也挺愉快的，他
对栗子很好，当然也有吵架的时候，但是闹过很多次也没有分开。
两个人在一起四年了，她跟他已经像亲人一样，关系越来越好。

相处得越久，越是看到了男朋友的一些缺点。栗子想的是，现在是恋爱，不用那么苛刻，等到该结婚的时候，他会慢慢变好的。

可是真正等到该结婚的年纪，父母开始催他们结婚的时候，栗子才觉得对方有很多方面让自己不甚满意。一方面，她觉得两个人的感情已经到了可以结婚的地步；另一方面，她又觉得男朋友始终在很多地方还不是特别让自己满意。栗子不想将就，怕会后悔。

栗子说："其实，我一直不愿意承认，但是打心底里我是知道的，他工作没我厉害，也不上进，生活和工作上的一些事给不了我建设性的意见，甚至都不能成为我的支撑，我很爱他，但是，这些我也很介意，到了谈婚论嫁的年纪，这是我对这段感情疑惑的地方。"

她接着说："长长，你会不会觉得我很现实啊，其实我只是对未来有点迷茫和放心不下而已。"

我发了个微笑的表情，对她说："没有的事，这不是现实。**你只是想找个势均力敌的爱人，你们之间不光要有爱，还需要精神上的匹配，他要对你好，还要上进、有能力，让你们未来的生活更有保障。**"

03

栗子说："长长，我该怎么办？我爱他，但是我不想跟他结婚，我觉得我配得上更好的人。我没有瞧不起他，我只是希望我的男朋友能够让我崇拜，能够给我的生活一些支持，在我需要帮助的时候给我一些建设性意见。"

"我曾经看到过一句话，**如果你爱上了藏獒，你就不能指望他像鸡一样给你下蛋。**人总不可能是完美的，你爱上了性格有弱点、上进心不那么强的男生，你就不能指望他给你霸道总裁那样的爱情。"我对栗子说。

栗子说："你说的我都想过，所以我才更加焦急，尤其到了谈婚论嫁的时候，我更加介意他的不上进和能力不足。可是，我也很爱他，舍不得离开。"

我说："任何事情都是有舍才有得。如今，有两种选择。要么你接受他不如你且不上进的这个事实，爱需要包容，你不太在意这点的话，这段感情也可以继续下去；要么，干脆给你自己一个交代，也给他一个交代，你独立，能力又强，长得还不差，找个爱你而且有能力的男朋友应该不难。"

那天听了栗子的一些心里话，只有一个感觉：**作为女生，选择男朋友，除了要考虑是否爱你，男朋友的能力也是需要考虑的。**

04

我记得有这样一种说法：A类男生找B类女生，B类男生找C类女生，然后A类女生和C类男生在一起（注：A类是优秀，B类是良好，C类是普通）。

从上面的说法中，我们可以发现：女生一般爱找一个比自己强的男生，原因大概就是父爱情结或者女生自身的特征。男生一般找个比自己弱点的女生，因为英雄主义或者男性本来的雄性激素，男生偏爱小鸟依人、柔弱型的女生。

而考虑男生的能力，这不是一种拜金、现实的行为，我反倒觉得可以理解。这里的能力，不是指男生的钱，也不是非要男生家庭条件多好，女生需要的很简单，只是需要那个男生上进、努力，能够让女孩子觉得踏实。

就像栗子，对男友的顾虑也只是怕跟他在一起看不到希望。女孩子的心愿很简单，只是想找一个人，能够在生活上给她足够的照顾，在工作上还能给她提一些建设性的意见，哪怕被他开玩笑骂"笨蛋"，也能很开心地看着他，等他说出一句"没事，我来教你"。这句充满宠溺的话，会让女生好满足。

希望男生的能力很强，并不只是希望他在经济上能够给女孩子足够的安全感，更多的是，就像我们一直要求女孩子独立一样，男生也需要有能力，那样的你们会对彼此更钦佩，精神上能够相通，是一对真正势均力敌的恋人。

一直以来，我的爱情观是"面包我可以自己挣，我只要你的爱情"。但是，这种势均力敌的爱情还应该有一个前提，那就是，你的面包你也要自己挣，两个人可以彼此扶持，但是你要上进和努力。**经济基础决定上层建筑物。我们都能经济独立，我在自己**

的领域有自己的成就，你也有能够让自己发挥的一片天空，两个独立且有能力的人更容易持久地相互吸引。

　　找个爱你且有能力的男朋友很重要，爱给你的是心理上的满足感，但是，有能力除了能够让你崇拜他，让你更加喜欢他，也能给你与他生活在一起的安全感，会让你少很多顾虑。

　　我不会单单因为你很有能力而喜欢你，但如果我喜欢上你，我会因为你有能力而更加喜欢你。

和靠谱的人谈场走心的恋爱

01

抱着一颗八卦的心，我兴冲冲地跑去找阿哲。

我开口的第一句话是："阿哲，听说你把你的女神追到手了啊？"

或许，阿哲没想到我这么直接，他的第一反应是一惊，然后很坦然地说："是啊。"

"你是怎么追到你女神的？快跟我讲讲！"旁边的家业说，我的双眼发亮，像是寻找到了猎物。

阿哲双手交叉反抱住自己，一副怕被我非礼的样子，然后说："你不是有男朋友吗？这么关心我干吗？放心，你没机会了。"听到阿哲的这番话，旁边的家业笑喷了。

我气呼呼地说："我有男朋友的好吧，本来不想窥探你那点事，要不是因为你现女友是我以前的同学，我才懒得八卦呢。"

最后，我以气愤结束了和阿哲的对话。后来，我给雅俐发了条消息："你家阿哲是真爱。"

其实，当时我真的很气，因为阿哲很直接地把我的话给堵死了，哪怕我只是去八卦的。但是后来想想，他也算是一个实在的人，在不知道雅俐是我朋友的前提下，单纯地把我当作一个女生，然后用一句话就跟我保持了距离，也证明了他对雅俐的专一。

一个男生愿意随口把他的女朋友挂在嘴边，尤其是在面对其他女生的时候，敢直接承认他有女友，真的很酷。

02

后来，雅俐回我消息了，简单几个字："阿哲一直很让我信任。"

继续抱着八卦的心，我直接去找雅俐了。

见到雅俐，我开口的第一句话是："你为什么会和阿哲在一起啊？"

雅俐思索了一会儿，回答我说："他很让我信任，让我感到踏实，这算不算原因啊？"

我调侃雅俐说："我认识你这么多年，第一次看到你喜欢一个男生。我还是很吃惊，一直以为你谈恋爱肯定会找一个条件好点的男生，真没想到我们班花的男友这么普通。"

雅俐说："你还记得高中的时候我跟你说的那个在学习上总是帮助我的男生吗？他就是阿哲。"

雅俐是我初中时的好朋友，也是从小玩到大的闺密，高中的时候，我和雅俐没有在同一所学校，不过那个时候雅俐还是什么都跟我说。记得她总是跟我说，班上有一个男生对她好特别，每次考完数学和文综，那个男生总会跑到她的座位面前问她有没有不会的，然后拿着雅俐的试卷看她的答案，给她讲解她错在哪里。因为那时候阿哲的数学和文综基本是班上数一数二的。

后来慢慢熟了，雅俐跟阿哲关系好了，会跟阿哲聊聊天，说说自己的生活和不知道怎么解决的烦恼。那个时候阿哲总会给雅俐一些还不错的建议，用雅俐的话来总结：**"他给我出主意的思维跟我爸的好像，他的建议总让我感觉很踏实，觉得他是真正对我好的人。"**

03

"你们究竟是什么时候在一起的啊？"我继续问雅俐。

"大一下学期，那个时候我不跟你说了吗，我谈恋爱了。"雅俐说。

雅俐一边说我不关心她的终身大事，一边絮絮叨叨地说着她和阿哲的故事。

高考结束后，吃完散伙饭，阿哲说送雅俐回家。在路上，阿哲问雅俐考得如何，准备去哪所学校，还说等分数出来帮忙选学校。

后来，分数出来了，雅俐考得不是很好，但阿哲还是很尽心地帮她选了几所学校，都是武汉的，但雅俐的家人最后坚持让她去湖南一所大学，于是雅俐去了湖南。

上大学后，阿哲还是每天跟雅俐聊天，问雅俐学校好不好，习惯不习惯，鼓励着雅俐，还说要一起好好学习。

有个星期五的晚上，雅俐感冒了，躺在床上，阿哲的消息又来了。她说这是她在大学里生的第一场病，却好想吃周黑鸭。第二天，阿哲从武汉坐车去湖南找了雅俐，带了几盒周黑鸭、一盒999感冒灵和一盒白加黑。

阿哲站在雅俐学校门口跟她打电话说："我在你们学校门口，带了你喜欢吃的周黑鸭，你寝室在哪里，我去楼下等你。"

吃了几块周黑鸭，又麻又辣，雅俐被辣得眼泪直流。最后，眼泪汪汪地望着阿哲说："你要来看我怎么不提前跟我说啊？"

阿哲说："你说你病了，想吃武汉的周黑鸭，我就带着你想吃的来看你。"说话间，眼里是满满的宠溺。

"也是自从那次之后，我突然发现我喜欢上了阿哲，这个总在身边对我好的男孩子。"雅俐对我说。

04

"阿哲，我好像有点喜欢你了。"雅俐对阿哲说。

"笨蛋，你终于喜欢我了，我一直很喜欢你啊，你没发现我一直在追你吗？高中帮助你学习而不表白是因为我希望等我更有担当的时候再跟你在一起，我也一直在为我们的未来努力，还好你一直都在，那我们在一起吧。"阿哲一口气回了她这么一大段话。

"然后我们在一起了。"雅俐松了口气，然后看着我说，"我说完了。"

"你倒追的他啊？"我吃惊地问雅俐。

"这叫互相喜欢。"她笑着说。

"那你觉得在你们这段感情里面，最重要的是什么？"

"是信任，他给我信任，我也能够给他信任，我们相互信任。" 雅俐答道。

的确，阿哲是一个很能够让女朋友放心的男生。先前问要雅俐要她男友的照片，她总是说长得很普通，以后见面介绍我认识。我没想到，我的大学同班同学阿哲就是她的男友。

大一开始，因为阿哲是临时班长，各方面都不错，让人很有安全感，当时有女生跟阿哲表白，阿哲很直接地拒绝了。后来，听说他谈恋爱了，还请室友吃饭了，然后班上的人都知道我们的班长谈恋爱了。加上今天阿哲说的话，我是彻底相信他真的是一个很值得信任的好男友。

身边有一些男性朋友，有了女朋友也不愿意秀恩爱，不愿意告诉别人，或者是在被问起有没有女朋友的时候，还会迟疑一下再回答。对比他们，阿哲在这方面真的可以得满分。

雅俐说："文，我和阿哲是认真的，走心了。你提早准备好红包吧，我要大的哟！"

"对你们的异地恋这么有信心啊？"我笑着问她。

"他每周都会坐火车来湖南看我，我们都一起去了好多地方了，我相信他，也相信自己。前不久他带我去见他父母了，他父母很好，对我也很尊重，我感受到了他一家人的爱，我们都约好一起考武汉的研究生了，然后结婚。"雅俐甜蜜地跟我说。

看着甜蜜幸福的雅俐，我突然觉得找一个能够给自己信任感的男朋友，真的很让人羡慕。他带你去见朋友，带你去见家人，正大光明地承认你们的关系，这是多么美好的一件事啊！

之前看过一句话，很感动：**最美好的爱情就是，我们终于可以正大光明手牵手站在一起，你的朋友、家人都知道我，我的家人、朋友都支持你。**很简单质朴的一句话，但这传递给我们的又都是满满的信任和爱。

人生的未知那么多，能够让我们相信的东西越来越少，但如果真有一个人能够给你满满的信任感，让你在这变幻的人生找到一些不变的支撑，那就去吧。认真地谈场走心的恋爱，不为别的，因为爱。

PART 5

与过去告别，哪怕情深意重

◬

我 哪 懂 什 么 坚 持 ， 全 靠 死 撑

我曾以朋友的名义爱过你

01

最近，我在看《十五年等待候鸟》这部电视剧，女主角喜欢男主角十五年，一直以朋友的名义。和闺密讨论这部剧的时候，我问她："你暗恋过一个人吗？"

她说："肯定有啊，别说你没有啊，反正我不信。"

也对，年轻的时候，我们也许都喜欢过我们的一个男性朋友，用闺密的话来说："你不喜欢他，为什么那么想和他做好朋友，维持很好的关系？"

也许，这句话的因果逻辑在某些方面有些牵强，但以朋友的名义喜欢过别人的人，肯定能够懂。

至于喜欢又为什么不去告白，大概和剧中女主角有着同样的想法：如果变成爱情，我不知道这份感情，能维持多久。这些年，

我渐渐明白，想要一直待在一个人身边，朋友的身份是最合适的，捅破这层窗户纸，就没办法回头了。

所以，我们会选择以一个朋友的名义爱一个人。

02

当我们对一个人抱有好感时，我们会一点点地向他靠近，幸运的话，会成为好朋友。

我和他是同桌。我们会在老师讲课时，一起在底下说话。老师发现之后，会让我们一前一后起来回答问题。

早自习，他一来了就睡觉。他成绩优秀，老师不会管。我默默在旁边读着书，还怕吵着他睡觉，特意压低声音。他说："没事，你大声读，我一边睡，一边听你读，也可以记住的。"

晚自习，我们一个人戴一只耳机，做着各自的练习题。我们各自做着自己的事，听着同一首歌。

做错的题目，他会扭过头来跟我说该怎么做。老师让我起来回答问题，他会在下面小声地提醒。

我曾在一本小说上看到一段话：**有时候课间操和升旗仪式是很多人最为期待的。茫茫人海中，他们总能寻寻觅觅地将目光定位在某个人身上，将冗长无趣的仪式变成一场不足为外人道的独家记忆。**

这段话把我们喜欢一个人的情愫写得很真实，哪怕他在我们身边，可我们还是会偷偷寻找他，而寻找的过程总是幸福的。

这很像我们曾经一直以朋友的名义去喜欢一个人。

03

最开始喜欢一个人的目的真的很单纯，你会单纯地喜欢他，甚至根本不奢望和他在一起，能够偷偷喜欢也是美好的。

高考成绩出来的前一天，我们几个人一起去公园散步。我拿着抹茶冰淇淋，穿着裙子，蹦蹦跳跳地跑着。他，一路帮我们拍照。我们几个人的合照洗出来后，我发现，他的手原来一直搭在我肩上。

那天，我跟他说："我好担心考不上，而你肯定会考得很好的。"他说："如果可以，最好把我的分数分点给你，然后我们考上同一个学校。"我笑了笑，没再说话。

果然，他考得比我好太多。填报志愿的时候，我们尽量让两个人的报考学校靠近一些。我们私下约定，**上了大学之后的第一件事，就是把学校边上的公交站牌用手机拍下来，发给对方。**

可是，我们都想得简单了。大家虽然都在武汉，可两个学校之间需要几个小时的车程。

04

大一的时候，他第一次来我的学校看我，坐了四个小时的车，换乘了数次地铁和公交。那天，我请他吃了小火锅。说实话，他坐四个小时的车来看我，我还是蛮感动的。

可是，我们并没有就此在一起。

我没有去过他学校，因为懒。后来，大家都忙了，联系慢慢少了，但每个星期都会畅聊一次。

我们没有暧昧，也不谈感情，从来就像朋友一样聊天，说说彼此的生活，以及遇到的烦心事，然后互相鼓励。跟朋友不那么一样的地方或许是，我们对彼此更关心一些，对彼此的事也更上心。

后来得知，他们班有个女生对他很好，还跟他表白了。他跟我说："我们班有人向我表白了。"

我先是一愣，然后问："人好吗，长得好看吗，你答应了吗？"

"人挺好的，对我很好，你说我该不该答应？"听到他这句反问的话，我心里还是刺溜了一下。我掩饰好情绪，组织好措辞说："喜欢就在一起吧，难得你这么客观地夸奖一个姑娘，况且她对你很好。"

他说："嗯！"

几天后，他跟她在一起了。

我说："恭喜！"

他有了女朋友之后，我自觉地跟他保持距离。我们联系少了，只是偶尔问一下彼此的境况。我们学的是同一个专业，能聊的便渐渐局限于彼此的课程进展和学习情况。

我们是好朋友、好哥们，我们不能谈感情。

05

前段时间，我写了篇文章分享在"朋友圈"，有个高中同学评论说："我知道你文中的男主是谁。"然后，我特意问他："你以为是谁？"

他说："我读了你的几篇文章，发现每篇文章里面都有他的影子，你喜欢的人就是他，对吧？"

听他这么说，我一愣。

我说："你猜的吧？哈哈，猜错了！"

他说："你的心会否认，你的理智会控制住喜欢，但是感情自然流露的时候，连你自己都不会知道，你笔下的每个人物都那么像他，文字不会说谎。"

我被他说得无话反驳，但又不能承认。因为这个男生是他的好兄弟。我发了个哈哈大笑的表情，然后说："我写的都是我男友，我已经有男朋友了，你猜错了。"

他说："那就是你以后喜欢的人都像他！"

之前，闺密问我："他对你那么好，你还有点喜欢他，为什么当初不答应他？"

我说："他是我喜欢的第一个人，可我还没有贪心到想占有他，而且我还很怂，我知道年轻时的感情不那么成熟，我害怕因为这份不成熟失去他，我想以朋友的身份不远不近地关心他。"

现在，他在政府机关实习。前几天，他给我发微信说："我女朋友看了你的文章，觉得写得很好。好好写，到时候记得送我们签名书哟。"

我答："成，小柔和我说了的，到时候你俩要请我和我男朋友吃饭。"

毕竟这是真实的生活，我不是程又青，他也不是李大仁，我们终究没有在一起，但我们都能找到自己的幸福。

我曾以朋友的名义喜欢过你，不是"友达以上，恋爱未满"的那种遗憾，而是哪怕如今我不喜欢你了，我们也会是好哥们。我因为喜欢你才想和你走得很近；如今，我不喜欢你了，我们还能是好朋友，这也是一种收获。

你是女生，那么拼干吗

01

"你是女生，那么拼干吗？"最近，总有人问我这个问题。

而每每被问及，我都是微微一笑，不急着反驳也不解释。我心里明白，就是因为我是女生，我才要努力。

似乎从我记事开始，家里的人对我的期待就比对哥哥们的低一些。比如，爸爸总会对我说："你是个女生，以后有稳定的工作就好，不需要很拼的。"而他跟哥哥们说："你们要努力赚钱，以后可是要养家的，能拼就拼，要在外面多闯荡。"

因为我是个女孩子，所以大家对我的要求很低，他们不指望我以后能够赚多少钱，只希望我能够安安稳稳地过日子。

然而，出于逆反心理，或者别的什么，我偏偏就想努力混出点样子来。他们不要求我大富大贵，但是作为一个女生，我就是想出去拼一把，看看自己的能耐究竟有多大。

我是个女生，可我不想当大多数人眼中的那种女生，不想过那种大多数人都觉得女生该过的安稳日子。

02

我有一个朋友，在我心中是女神般的存在，却也是一个"拼命三郎"。

大一那年，当大多数人想着吃喝玩乐时，她每天早上六点准时起来背单词。每天晚上，她会去健身房运动一小时。其他时间，她要么在图书馆，要么在忙学生会里的事。

那时，我们私下议论过她，大家对她的感觉是，她真是一个对自己好狠的女生，下决心减肥后，每天坚持跑步，晚上就只吃水果。

那时，我们都爱穿运动鞋，穿高跟鞋怕脚疼。但是，她为了好看，也为了多一分女生独有的气质，她一直坚持穿高跟鞋。有一次，室友问她："总穿高跟鞋，你脚后跟打泡了吗，疼吗？"她笑笑说："还好。"而我分明看到她脚后跟破皮的地方好了之后又有一层血泡。我很懂她，不是因为"作"，而是我知道美丽是有代价的，而我们这类人愿意去美，哪怕脚疼，这是自己的选择。

大二那年，我们忙着抱怨每天的课多，她天天泡在办公室，帮老师打下手，顺便学一些东西，她会跟我们说哪个老师说了什么，她觉得很有道理、很实用。

大三那年，她成了学生会的主席，还因为学校的一次活动认识了一位学长。学长现在是一家公司的 HR（人力资源管理人员），偶尔会给她看看公司的一些资料，顺便问问她的意见，她每次也很中肯地说出自己的看法。学长很欣赏她，邀请她去公司带薪实习。就在我们混沌过日子，不知前路在哪儿时，她开始了实习。

去年，电影《剩者为王》上映，她约我去看了。在电影院里，她哭得稀里哗啦。她很喜欢电影里面舒淇演的女主角，很有共鸣，她们都很好，也都还是单身。她很羡慕女主角的小资生活，她希望自己也能够像女主角那样越变越好，那样独当一面，成为父母真正的依靠。

大四的时候，她在一家不错的外企实习，然后被留在了那里。现在，她就跟电影里的舒淇一样，很美、很自信，也能够独当一面了。一日，当我看到她穿着得体优雅的衣服，踏着高跟鞋走向我，我忽然觉得，她成功地变成了自己喜欢的模样。

那天，我们一起吃饭，喝了点红酒，少了那份好久不见的拘谨，我说："女神，你终于过上了你想要的生活，这也对得起你的努力了。"

她轻抿一口红酒，看着我，很认真地对我说："作为一个女生，我想要的东西太多了。我想要最新款的春夏秋装，想要专柜最新款的包，想要大牌的化妆品，还有昂贵的眼霜，而我知道，这些东西永远只有自己送给自己，内心才是最踏实的。"

作为一个很普通的女生，我也有些虚荣，只是我没钱，所以我不去消费，但这并不代表我不渴望。我只能不断地去努力，去让自己混得更好一些，去满足自己作为女生的虚荣心。我不想依靠他人，我只想用自己清清白白赚来的钱买自己想要的东西。因为我想花钱，所以我要拼命赚钱。

我想去用自己赚的钱满足作为女生的虚荣心，不靠他人，我努力的原因很单纯，也很实在。

03

我之前看过一个节目，杨幂在接受采访时，主持人问："如果你要给你妈妈买房子，需要问刘恺威吗？"她说："不用，我有钱。"

当时，我真的被那句"我有钱"震撼住了，心中满满是羡慕。**"有钱"，的确可以让人活得更随心所欲一些。**我希望过随心所欲的生活，而不是别人眼中那种稳定的生活。

作为一个女生，我努力的目的很简单，就是想随心所欲地过自己想要的生活。

有一句很流行的话：我努力赚钱的目的，就是想让我妈在给自己买东西的时候能像给我买东西的时候一样干脆。

这也是我自己的一个心愿。我希望有一天，我能够买得起我爸妈喜欢的东西，不用担心价钱问题。我希望他们在买东西的时候不用担心花我太多钱，因为他们知道我有钱。

我希望可以买自己喜欢的护肤品、化妆品、衣服，不管有多昂贵。我希望可以给自己买想要的东西，不用担心以后没钱给我的孩子买东西。我希望自己不用伸手跟身边的那个人要钱，他给的是心意，他不给，我照样潇洒。

我是一个女生，我没有多么远大的理想，但我还是想去奋斗，用自己的方式去挣钱，让自己永远可以靠自己吃饭。

自己有，真的比什么都重要。

04

妈妈一直跟我重复一句话：**你要记住，不管以后怎么样，你都要有养活自己的能力，不要总是指望找你未来的老公要钱。**

妈妈自己也是这么做的。我记事开始，她就一直在工作，自己赚的钱存起来，有时还和爸爸开玩笑，说："我也不怕什么了，反正我自己能赚钱养活自己，我也不用找你要钱。"虽然她这样说，但爸爸每个月的工资还是都给了她。

妈妈总是跟我说："作为一个女人，能够自己赚钱，连吵架时底气都足一些，也不用过分地讨好男人，多好。"

我为什么那么努力？

还有另外一个原因：**我努力去奋斗，因为我想拥有一份势均力敌、彼此独立的爱情。**

大学时，我们寝室有个女生，每天通过各种途径认识不同的男生。然后聊聊天，一起吃饭，要对方送她吃的、用的，甚至是直接让对方往她卡里打钱。很多时候，我们会看到她提一大包零食回来，然后高兴又满足地跟我们说这是哪个男生送的。我心里并没有羡慕，反而很鄙夷。

我曾亲耳听到她跟一个男生打电话说："如果你下个月不送我iPhone 6s，我就跟你分手。"我也看到过她因为贪图一点小便宜，被她很喜欢的那个男生骂，然后两个人分手。她回去找了几次那个男生，那个男生就是不见她。

我的一个室友曾和我说："她跟男生吃吃饭，然后吃的、用的都有了，这多么方便、实惠的啊！"

我没有做任何评价，只是默默在心里告诉自己"我千万不能这样"。

在学校，因为一些零食或一些别的东西去故意讨好男生，那么以后走上社会，她想要的东西势必会更多、更贵，她又会用什么方式得到呢？不管怎么样，那终究是我不喜欢的方式。

我不想因为钱去谈恋爱，去讨好一个人，这就是我的爱情观。面包我自己挣，我只要你的爱情。

真正聪明靠谱的男生，欣赏的肯定是那种独立、坚强、善良的姑娘。那种我想要的势均力敌的恋爱，大概就是，我有面包，你也有，我们可以交换着吃，顺便谈谈恋爱。我不用因为钱去爱一个人，也不用因为爱上一个人而觉得自己太卑微，这就是作为一个女生，我要努力的原因。

哭前，请记得要先卸妆

01

"哭前，请记得要先卸妆。"难过的时候，要记得爱自己。

在张晓晗的《女王乔安》里，看到过一段关于"难过时为什么不哭"的对话，很让我信服。

倪好问乔安："我特别好奇，你为什么永远不哭啊，还是，你其实是个太阳能的充气娃娃，没有流泪的功能？"

乔安回答："我也想哭，但我妈告诫我哭的时候先摘掉隐形眼镜，摘完隐形眼镜就不自觉想要做个面膜，做完面膜涂好眼霜，我想辛辛苦苦保养好何苦再哭坏这一切，闭上眼，第二天又能开始战斗了。"

这段对话我一直记得，我想这不仅是一种很乐观的生活态度，传递给我们的更是一种**"再难过，也要记得爱自己"**的信念。

你在钢筋水泥筑就的城市里生活，难免会遇到一些挫折。白天在人前表现得坚强，当夜深人静，四下无人，你卸下自己的面具之后，也许会难过，也许会惆怅失意，也许干脆大哭一场。

这些都没有错，这只是你发泄自己情绪的一种方式，也只有在这个时候，你才可以肆无忌惮地谩骂现实的烦恼与不公。可是，骂归骂，哭泣之前请记得先卸妆。

你会哭花妆容，那么好的化妆品沾上了眼泪，这是浪费，而等你用化妆棉一层层地抹去化妆品在你脸上留下的痕迹，再用清水冲洗掉洁面乳留在脸上的泡沫，对着镜子看着卸完妆干净的面孔，再难过也会怜惜一下自己，然后借机敷个面膜，涂好眼霜。等敷好面膜躺下的那刻，也许你会明白很多事。

静下来了，你就不会像最开始那么浮躁与难过了。在这一层层看似简单实则需要耐心的环节的过滤下，你的心态已经平和，或许你还会明白：**连卸个妆都需要那么复杂的步骤，生活多点磨难又怎么了**。

在你敷好面膜躺下的那刻，你会觉得一切还是那么美好，你躺在沙发上听着电视机里传来的声音，突然想起远方的家人和牵挂，你会觉得一切没那么糟糕，不需要用眼泪来破坏辛辛苦苦保养好的面孔。

也许，那晚你还是有些烦闷，但是在你躺好后，你总能在心里这么安慰自己：虽然搞砸了一件事，但是还好我今天给了自己很好的保养，明天起来我还是可以美美地战斗，哪怕输了，我也要美美地输，我那么美，怕什么。

哭前卸妆，看似是没必要的环节。不是说卸妆后才可以哭，而是让卸妆作为一个过渡，去缓和你的情绪。解决问题的方法有很多种，哭是最没用的那种。

02

我也是过了很久，才明白"哭前要卸妆"这个道理的。

高中时，因为莫须有的理由被老师批评了，心里十分难过，也不认同，总是不由自主地会哭。我记得当时的自己虽然尽量仰着头，泪水还是流了出来。但即使在哭的时候，我的嘴角也一直努力上扬，保持微笑。

我知道，这样哭起来一点也不酷，还很丑。

失恋时，我背对着那个男生离开，大步向前，没有回头，当着他的面，我没有流一滴眼泪。恰如丁当的那首《我爱他》里的歌词——

如果还有遗憾是分手那天／我奔腾的眼泪都停不下来／若那一刻重来／我不哭／让他知道我可以／很好

我知道，干干脆脆地离开比留下来有用多了。

我曾跟一个男性朋友讨论，我问："你那么多前女友，最怀念的是哪个？"他跟我说了很多，最后总结了一句：他最怀念的是那个不哭不闹，干脆甩头离开，最后删掉他所有联系方式，并且对他后来的任何一次回心转意都视而不见的女孩。

因此，在这里，我想说的是，分手的时候你绝不能哭，干脆离开，做个潇洒女孩，多好。

后来，生活和工作中遇到过各种麻烦，有时候烦到极点真想丢下这个烂摊子不管不顾了。但是，大多数人都如我一样，并没有人会跟在你的屁股后面为你收拾你搞砸的一切，你要学会为自己的行为负责。被老板客户骂了会哭，跟同事相处不好，也焦躁得想哭。

慢慢地，越来越不想哭了。不是已经麻木地完全接受这一切，挨骂的时候还是会难过，也有想撂下挑子说走就走的冲动。但是，在生活这条路上摸爬滚打，终究明白了一个道理：**很多时候，眼泪解决不了问题，哭完之后，哪怕再累你还是要想办法去解决问题，哭也是徒劳，是面对问题时不算高明的一种做法。**

哭并不是数学里的万能公式，可以帮你治百病，而"哭前卸妆"是一个可以提醒你哭并不能解决一切问题的环节。

03

我有一个朋友，真正的美貌与智慧并存，她在一家公司做着小白领，每天应对着各种各样的问题。可是不管工作压力多么大，烦心事多么费神，她总能像个小妖精般美丽迷人。

有一次，我跑去跟她聊天，我开玩笑说："秋秋，听说小白领的压力挺大，可你为什么总能这般光彩照人呢？天天心情好得不得了，你是拥有什么神奇法术吗？"

秋秋笑了笑说："哪有什么工作没压力，只是我的生活态度和她们不一样罢了。加班再累，我都不允许自己没卸妆就睡，不管多晚、多累、多烦心，卸妆护肤不能少。"

我说："你很难过的时候，会哭吗？"

秋秋笑了笑说："发泄的方式很多种，哭不是唯一的。难过的时候可以和朋友们出去大吃一顿，或者去酒吧尽情发泄一下。回到家，卸完妆，敷好面膜睡一觉，第二天醒来，心情再不好，我还是会美美的，看到美丽漂亮的自己，心情也会好起来。"

在我眼中，秋秋是一个很会与自己相处，懂得爱自己的女孩子。

有时候休息，她一个人在家，哪怕没有约会，也不用出去玩，她也会穿好衣服，把自己打扮得美美的。我问过她："既然没有活动，在家穿着睡衣不是会更舒适一些吗？"

她说："对呀，偶尔可以穿得舒适一些，可是我还是喜欢把自己打扮得美美的，看着镜中那个漂亮的自己，我的心情也会美起来，女生打扮自己，不一定是给别人看的，有时可以是很单纯地悦己。"

每次想到秋秋的生活态度，我总会提醒自己，要热爱生活、热爱自己。

不管多累、多烦、多晚，也要记住卸妆后敷个面膜再美美地睡觉。生活中让我们不开心的事情会很多，可是我们要为生活之美而活，不为别人，只为悦己。

04

电视剧里，我最喜欢的就是随性、洒脱、敢说敢做的姑娘。

她们永远知道自己要的是什么，不开心了会宣泄情绪，喜欢了就会去追寻，生气了破口大骂一番，明天又是新的一天。关键是，她们懂得爱自己，她们会把自己打扮得漂漂亮亮的。

也许你没那么美，也学不来她们的随性洒脱，但是请记住：一定要爱自己。

有什么值得你去熬夜思念或者烦恼的？好不容易卸完妆做好保养，哭了就白忙活一场，而且眼霜那么贵，没必要在深夜与烦恼斗争。

"哭前卸妆"不是一个必要的环节，但它可以提醒你，姑娘，哭真的不能解决问题。你要爱自己，没人值得你不顾形象地哭泣，有些事就算你哭泣了，也不会得到解决。哪怕孤单一个人，你也要振作，把自己打扮得美美的。哪怕你把事情处理得一团糟，也没关系，至少你可以咬牙说一句："我这么美，怕什么，跌倒了重新来过。"一个美女跌倒，想必也还是比较好看的，而伸手扶你的人也会多一些。

当然，如果你真的很想大哭一场，放肆一下，那也请卸妆后再哭，因为，难过的时候也要拿出难过的态度，哭累了就好好睡一觉，明天又会是新的一天。

真正的朋友，真没几个

01

我一直在想，该用什么样的方式来记录生活的点滴。

最近，我正在追美剧《欲望都市》。喜欢这部剧，大概是因为剧中曼哈顿最流行的服装款式和各种奢华聚会很打动人，加上浓浓的时尚气息、幽默的对白和经典的剧情，真的让人回味无穷。而最吸引我眼球的，是那四个单身姑娘的友情。

专栏作家凯莉、律师玛兰达、理想主义者夏洛特和公关经理萨曼莎，她们都事业成功，都时髦漂亮，虽然已不再年轻，但却自信、魅力十足，她们共享彼此间牢固的友谊。友谊圆满，事业成功，加上缺少的那部分爱情，让这四个女人看起来更有魅力。

说实话，我有被她们的友情感动。

就像之前看郭敬明的《小时代2》，我哭得稀里哗啦，不是羡慕里面奢华的生活，也不是为破碎的爱情难过，我只是很单纯地为那四个女孩的友谊感动。四个女生拿着高脚杯，穿着白裙子，在雪中，在阳台上喝着香槟，那种真挚的友谊美得让我羡慕。

当电影中响起《友谊天长地久》的音乐，我为那四个笑起来天真无邪的女孩感动，至少在那一刻，她们是彼此的珍宝，她们的友谊那么轰轰烈烈。

02

如果不是你/我不会确定/朋友比情人更懂得倾听/我的弦外之音/我的有口无心

方子是大众情人款女子，也是我最喜欢的朋友，没有之一。

我一直在脑海搜寻我们是怎样认识的，可是到最后，我也没有找到一个符合偶像剧剧情的完美相识的桥段。是的，没有影视剧里的那些巧合。我们不是从小就认识，一次分班，撮合出了我们这段友谊。

老梅过去总是说，高中的友谊最纯洁，也最真。当时，我如何也不相信。毕业后若干年，我才打心底里认同这个观点。

我记得，我们曾手牵手一起去上厕所，一起吃早餐，一起分享不能跟别人说的"秘密"。女生的友谊是从分享小秘密开始的。

高考临近的日子，生活本来就平淡，大家心思都放在学习上，我们的友谊少了很多波折，但还是经历了很多考验。

备战高考的日子，既紧张又乏味。那日，我昏沉沉地听着老师讲二模的试卷，一颗贴着一张便签的圣女果传到了我的面前，上面写着："我妈妈早上买的圣女果好新鲜，已经洗干净了，可以马上吃的。帮忙传给文长长，谢谢啦！"落款是"方子"，加上一个微笑的表情。按照班级分组来说，方子当时在一组，我在三组。不知道经过几个人的传递，这颗圣女果才传到了我的手中。

我回头朝方子笑了笑，她也会心地一笑。说实话，拿到那颗经历"千山万水"的圣女果，我是感动的。同桌扫了一眼纸条，用一贯损我的语气说了句："还洗干净了，方子真是爱开玩笑，经过那么多人的手，早就不干净了！"

我给了他一个白眼，并当着他的面一口吃下这颗圣女果，我说："不干不净，吃了没病！"

在我被老梅偏心打压时，在我被班里部分女生孤立时，方子是一直陪在我身边的人。

我再怎么心高气傲，在众人的孤立下，我还是很脆弱的。

方子一边用各种大道理，让我放宽心别多想，一边鼓励我好好学习。那个时候，我很难过。我不能跟父母说，只能把苦水全部倒给她，她从没有不耐烦，只有持久的支持。

那件事之后，我就决定：我一定要和她做一辈子的朋友。套用金星的一句名言：**真正的好朋友不在于多亲密，而是当你火的时候，她静静地看着你，不往你脸上贴，当你落魄的时候，她二话不说，雪中送炭，拔刀相助。**

03

第一次见面看你不太顺眼/谁知道后来关系那么密切/我们一个像夏天一个像秋天/却总能把冬天变成了春天

奇琦是适合逛、吃、玩的小伙伴，真的是我生活里的唯一。

就像歌词里说的："第一次见面看你不太顺眼，谁知道后来关系那么密切。"这句话准确写出了我和奇琦的相识过程。

或许是性格太相像，我和奇琦最开始算是死对头。也就是那么一个偶然，我们成了好朋友。而我们在一起最大的趣事，就是不停地逛、吃，而且总是欢乐多多。

从臭豆腐、烤串、烤肉到红豆沙、草莓沙冰还有各种味道的奶茶，我全都陪她吃过。有句很伟大的话叫作"民以食为天"，而能够碰到一个吃到一块儿的人也是很重要的，是需要珍惜的。

高考前最后一次逛街，还是和奇琦一起。那天，我们买了一套相似却不相同的姐妹装，还和她一起拍了一张现在看还觉得青春无敌的合照。如今，每次在对方生日时，这张照片总会和"生日快乐"一起在"朋友圈"出现。

那是十八岁的我们最好的回忆，那是最好的我们。

因为我们都爱吃，都爱逛，减肥也就自然成了我俩之间永远不过时的话题。我在武汉，她在张家界，我们照样约着一起跑步，一起减肥，基本每晚都会视频一会儿。那个时候，我会突然感慨——距离算什么，友谊才是无敌的，隔着数不清公里的我们照样可以做彼此最好的姐妹。

过年聚会，我跟奇琦调侃说："如果在外面奋战累了，我俩就一起回到小城来，找份稳定的工作，然后周六我们约出来看看电影，吃吃饭，放长假时，可以一起出去旅游。"

只要有闺密相伴，日子总不会孤单寂寞。

奇琦一直点着头说："好啊！到时候，我们也像电视剧里面的世交一样，来个指腹为婚。"

我们还许诺当彼此小孩的干妈。这是女孩子都会想象的美好，一直和闺密好到永远，我们也不例外。

奇琦带给我最大的礼物是，我跟她在一起后，我开始明白不管何时都要豁达，都要开心生活。她曾经说："**我从来不会因为一件事生气太久，小事难过三分钟，大事也只能生气三小时，生完了气，还是要好好生活。**"

我一直不敢告诉奇琦，在我们认识的前几年中，我分不清她名字里面的两个同音字，哪个在前，哪个在后。

还好，现在我终于可以分清了。

04

我一直没有正儿八经地写过关于友情的文章，可我的文字里面到处都是我朋友的影子。

我和奇琦讨论过这个问题：真正的友情是像网上说的那样，

哪怕再久不联系，也永远还是最好的朋友吗？

其实，没有哪种答案一定是对的。而我们一致认为，**友情也像爱情一样，是需要经营的，真正的朋友需要时常保持联络，不然感情再好，时间久了，友情的海洋也有可能干涸。**

我们三个，不在一个城市读大学。方子每天忙社团，有段时间，我和奇琦联系比较多，而我们三个人视频聊天，方子中途有事，就急忙挂了。

因为距离，因为太忙，我和方子有很长一段时间互相不联系。我埋怨她太忙，埋怨她不重视我们，埋怨她不回我们消息，而她一个劲地解释，她说自己真的很忙。时间久了，就有了些误会，彼此也曾冷淡过。值得庆幸的是，我们将一切说清楚了，终究和好如初。

只有在真正的感情里面，我们才会去较真，抱着打破砂锅问到底的心态想要探究明白，还有就是因为我们年轻。

有时，一些关系根本经不起追根究底。我们慢慢懂得人情世故，哪怕我们心里明白彼此的关系坏得多彻底，但还是会维持表面平和。

而换个角度也可以理解为，我们都很重视这份感情，所以才会去计较。

友情，是一份感情，自然会有矛盾。很好的朋友，因为一些事闹得老死不相往来的，我们大概都见过。当然，在矛盾中朋友关系越来越好的，我们也见过。这两种走向，就在于你怎么取舍。

我们需要经常去想，哪怕关系最亲密的朋友，也只是一个普通人。如果我们可以对一个普通人宽容，便没有必要对朋友过于苛刻。

方子曾经对我说过一句话：**人与人之间是需要沟通的，你不用生闷气，不开心可以跟她们讲，憋着自己难过。如果两个人闹矛盾不是因为真的有隔阂，只是因为你们有误会，那就去沟通，把误会讲清楚了，就没事了。**

我们认识这么多年，身边的人换了一茬又一茬，你们还在彼此身边，真好！

你可以干掉我，但我的骄傲还在

01

不知道你有没有这样的感觉：我们喜欢一首歌，喜欢的不仅仅是旋律和歌星，更是歌曲里面能够和我们心灵相通的那部分。

我最近很喜欢《野子》这首歌，与其说是很喜欢这首歌，不如说是喜欢它传递给我的劲道和力量。

怎么大风越狠/我心越荡/幻如一丝尘土/随风自由地在狂舞/我要握紧手中坚定/却又飘散的勇气/我会变成巨人/踏着力气/踩着梦

我很钦佩这首歌传递出来的勇气和无所畏惧。

02

零点时，我刷"朋友圈"，看到学姐发了条这样的状态：我最近很喜欢流眼泪，不喜欢这样略矫情的自己，不想对生活示弱，更不想满是负能量。有时候或许可以允许自己脆弱易碎，并不如自己想的那么坚强。生活就是这样"啪！啪！啪"给我们一个个大嘴巴，再轻轻地喂给我们一颗颗巧克力。那些打倒、打不倒我的，终究会成就我，我会变成巨人，踏着力气踩着梦。

二十出头的年纪，刚刚在社会上奋斗，会遇到一些挑战，或者是不适应，这些都很正常。"朋友圈"里，有人成天吐槽工作，有人总是说自己生活不顺意，有人传递着各种负能量，这些都很正常。各人有各人的压力，发泄一下也无妨。

学姐是少有的那类人，她能够把工作的不如意说得如此充满正能量。其实，我很懂她的这种感觉：哪怕工作不如意，也不想认输。而很多时候我们都明白，其实我们不需要别人的安慰，需要的只是一个出口，把自己的情绪发泄出来。

学姐这条正能量的"朋友圈"状态，是鼓舞别人的浓浓鸡汤，但坦白地说，她也许没想那么多，只是想用这种方式鼓励自己。

我特别喜欢她身上的那股劲——**哪怕不如意，也坚信我就是有东山再起的本领，总有一天，我会变成巨人，踏着力气，踩着梦。**

03

我一直觉得，如果我的朋友里面有人会成功，学姐肯定算一个，不为别的，她身上有一股一定要做成一件事的韧性。

读大学的时候，学姐是学院里的风云人物。她做事雷厉风行，学院的老师都欣赏她的能力。一听到她的名字，我们就能想到她那种强大的气场。她是少见的那类能够把学业和学生会工作兼顾得很好的人。毕业时，她在"朋友圈"发了一张照片，照片上，她把所有的奖状铺在地上，铺满了一地。这种场景即使不算是壮观，也算是晃眼。

有类似经历的人都知道，这一张张的奖状沉淀着一个人多少的心血。先不说她得与很多人"厮杀"，一点点争取，单是处理好学校里的人际关系就没有那么轻松。尽管学校的人际关系不像社会上的那么复杂，但有人的地方就有江湖，也一样是相当不容易的。

这一路上，她背负了不少压力。学院其他人的嫉妒和眼红，背后的议论，以及偶尔的失误，意想不到的打击，学姐都要一个人扛。工作从一开始的生疏迟疑，到后来的雷厉风行，从一开始有人在背后闲言碎语，到最后的全部认可，不能说是一部《杜拉拉升职记》，但也算得上是一首个人励志史诗。

04

现在，学姐已经毕业差不多一年了。当时，她通过了京东的面试，学校又让她留校当辅导员，她都拒绝了。

她想努力去拼一拼，不想这么年轻就活得那么安逸。最后，她去了一家还不错的公司做销售。

上个月，她在"朋友圈"里说，她已经升为销售经理。我从没有见她吐过苦水。工作的压力，她都一点点地自己咽下，哪怕真的很难，可她展现出来的永远都是一个不可战胜的将军的形象。

她会难过，但从来不认输，就像《野子》带给我的感觉。

之前，有人采访《野子》这首歌的词曲作者苏运莹，问她是在什么情况下写出《野子》这首歌，这首如此野性又充满力量的歌曲。

苏运莹说："在北京上学的时候，有天早上风刮得很大，我就站在窗边看着风景，看着大风刮着树叶。突然想到为什么风可以刮掉树叶，却刮不断树干呢？想了很久很久，大概是因为树根扎得很深吧。然后就觉得只要够坚定，再大的逆境都不算什么，于是创作了这首《野子》。"

我猜苏运莹肯定也是一个很顽强的姑娘。

一个人的心境是什么样子的，这个人看到的世界就是什么样子的。

我很喜欢那种感觉——

一直往大风吹的方向走过去／吹啊吹啊／我的骄傲放纵／吹啊吹不毁我纯净花园／任风吹／任它乱／毁不灭是我尽头的展望……你看我在勇敢地微笑／你看我在勇敢地去挥手啊

有时，支撑一个人一直走下去的信念很简单，或许只是"我不怕艰难险阻，我总会战胜它们，等我变成巨人的那刻"。

05

就我来说，我很赞赏在磨难面前赤膊上阵、勇敢微笑的态度。

这是一种积极的生活态度——面对人生的磨难，绝不妥协。

我的性子从小就倔。只要是自己想要的东西，我都会尽力去争取得到。或许跟家庭的正面教育有关，每次遇到困难，我都会跟自己说："这一个个困难和挑战都是上天故意要磨练我的心性。"

今天，看了一篇采访笛安的文章，采访者问笛安："哪句话对你的影响特别深刻？"

笛安说："零落成泥碾作尘，只有香如故。我在十几岁的时候就是这么理解这句话的，你可以干掉我，但是我的骄傲还在。"

笛安的这句话让我印象深刻，就像《老人与海》一书里的老人——一个人可以被毁灭，但不能被打败。

生活中总会遇到各种各样的磨难，但是真的没关系，前途会很凶险，但那又怎么样呢？我们还是要大干一场，最坏的结果是回到原点，那也不过是一无所有。

终有一天，"大风越狠，我心越荡，我会变成巨人，踏着力气，踩着梦"。

PART 6

爱我的人，请你炫耀我

△

我 哪 懂 什 么 坚 持 , 全 靠 死 撑

父母反对的男朋友，你还嫁吗

01

我的微信公众号上，有一个姑娘留言："父母反对我和男朋友在一起，我到底该继续，还是听从他们的意见？真爱和父母，我到底该选择哪一个？"

因为具体情况不一样，我不敢贸然去回答那个姑娘的问题。于是，我打下了这么一行字："或许你可以跟你父母在这件事上沟通一下，让他们知道你的想法，你也可以更好地了解他们的想法。一段有父母祝福的感情，肯定更圆满一些。"

但是，如果把这个问题的主人公换成我，你问我："如果你的父母反对你和你男友结婚，你还嫁吗？"

我的回答是，不嫁。

在这方面，我没有亲身经历过，但我表姐的经历，让我坚定了自己的回答。

谈恋爱和结婚终究是不一样的，谈恋爱是两个人的事，结婚关乎两个家庭的幸福。

表姐和 K 是大学同学。刚上大学时，大家激动之余，又有些胆怯。K 当时是班上的活跃分子，加上为人仗义，他算是很受欢迎的男生。

那时，表姐是一个有些害羞的女孩子，但各方面都很优秀，长得也不错。十月份，全班组织了一次郊外烧烤，K 和表姐分到了一个组。他俩一起穿肉串、茄子串、土豆串，其间不时聊上几句。表姐觉得这个男生懂得很多，跟她蛮有话聊的。

后来，大约在十一月份左右，他们班上很多人都谈恋爱了。高中时，不准谈恋爱，到了大学，没有了束缚，也的确成年了，于是大家纷纷开始谈恋爱。表姐寝室里也有几个女生谈恋爱了，但表姐还是一个人，她依然是每天学习，做自己的事。

终于有一天，她的生活开始不一样了。在图书馆自习时，表姐座位旁边的那个人经常是 K。K 会陪她从早自习到晚上，然后送她回宿舍。慢慢地，他和表姐一起吃饭，一起讨论有趣的事。表姐去操场跑步，他也陪着。他偶尔还会约表姐看电影。没有什么特别的仪式，一切水到渠成，表姐就这样和 K 在一起了。

表姐的校园恋爱，和所有的校园恋爱一样，虽平淡却也甜蜜，毕竟读书时烦恼也少。

表姐还是照例去图书馆自习，K 偶尔陪她，大部分时间在宿舍里打游戏。大三时，表姐该拿的证书和奖学金都拿到了。那时的K，一如三年前的那个热血小子，胸中有一腔热血，只是他什么证书都没有取得，倒是在玩游戏上的进步不小。

K总是对表姐说："**毕业后，等我好好打拼一下，然后赚钱了就娶你。**"

02

大三那年暑假，K带表姐去他家，见了他父母。K跟他父母说，他们毕业了就要结婚的，这是他们家未来的儿媳妇。

回来后，表姐说她交男朋友了，还把去K家的事告诉了我大姨，也就是她妈妈。大姨问她："男方家里给了上门礼没有？"表姐摇头说："没有。"表姐替K家找各种借口，她本是说给大姨听的，却更像是说给自己听的，其实表姐心里也很介意这件事。

我们老家的习俗是，儿子带女朋友第一次回家，父母是要给上门礼的，给的钱多还是钱少，可以不那么在乎，但是必须要给，这是对女方的尊重和看重。K家没给，表姐曾私底下跟我说，她很怄火。

后来，毕业了，表姐进了一家国企，K还在到处找工作。就连卖保险什么的，他都做过。

K后来跟表姐说，他们该结婚了，他父母给他买了新房，首付已经付了，按揭款他们婚后努力就行了。然后，他让表姐跟大姨和大姨父说说。

听到表姐说要跟 K 结婚，大姨父第一个表示不同意，他坚决不让表姐跟 K 结婚。他觉得 K 不怎么上进，表姐和他在一起会受很多委屈。他还说，跟表姐一起长大的李叔的儿子一直很喜欢表姐，现在在政府机关工作，而且李叔跟他提了好几次，让两家结为亲家。他觉得李叔的儿子比 K 靠谱多了。

李叔的儿子，我叫李哥。李哥跟表姐从小关系就好，他俩小学、初中和高中都在一个学校。直到上了大学，李哥去了外地读书，和表姐的关系才淡了。

小时候，我去表姐家，也总爱和李哥玩，他这个人真的不错。

可是，表姐当时一心扑在了 K 身上，她说一定要跟 K 结婚，K 家房子都买好了，她非 K 不嫁。

大姨家人都很恼火，连我们这些亲戚都知道表姐为了一个男的，跟家里闹翻了。最后，她直接搬出去住了。

当时，在言情小说中流连忘返的我，觉得表姐这样好酷，他们完全是现实版的罗密欧与朱丽叶。我在心里默默地对自己说："以后，当我遇到自己想要嫁的人，我也会奋不顾身地和他在一起，哪怕我爸妈都反对。"

03

三个月后，表姐回来了。

半年后，表姐和李哥订了婚。

在这期间发生了什么事，亲戚们都不知道，亲戚们只知道表姐最后还是听从了父母的话，嫁给了对的人。

上个星期，适逢表姐和李哥为儿子摆满月酒，我去了。看着睡着的婴儿，看着表姐，我突然开口问了她这么一个问题："表姐，当初你那么喜欢K，最后在姨父的威逼下回来跟李哥在一起，你后悔吗？"

表姐想了一下，说："其实，不是你姨父逼我回来的，是我自己要结束和K的感情。在现实面前，婚姻需要考虑的东西真的很多。"

表姐跟我说，在最纠结的那三个月时间里，她离家出走，为自己和K的爱情抗争。但在这三个月里，K还是每天打游戏，偶尔上班，觉得不喜欢就辞职，然后再找工作，后来他干脆说不想去工作了，每天就是打游戏，而吃喝都是用表姐的钱。表姐的工作虽然轻松，但是工资并不高。也就是说，表姐靠自己一个月三千多元的工资来养活自己和K，工资不够用了，表姐不得不取出存了多年的钱来维持两个人的生活。

在此期间，她跟K沟通过，要他自己去挣钱，这样混下去不是回事，但K却说："反正你在挣钱，咱们有吃喝就行了。"

不知是K的不思上进，还是真的太累，让表姐的耐心在这份感情中慢慢被耗光。最终，表姐向K提出了分手，狼狈地回了家。

为此，表姐请了半个月的假在家里疗伤。在那段时间里，李哥偶尔会发一些好玩的笑话逗表姐开心，约表姐出去吃饭，主动送表姐一些小玩意，而且是表姐小时候喜欢的小玩意。他带表姐去参加他们的同事聚会，带她去爬山散心。在那段时间里，表姐突然觉得和李哥这样相处真的不错。

和父母看中的李哥相处，表姐心里很踏实、开心，还有些小幸福。他不够浪漫，但是够贴心，够踏实。

"你当初为什么喜欢 K ？父母反对，而你却接受不了父母的看法？"我问表姐。

"我们相爱是在学校，不用为生活奔波，也没有太多的现实考验，K 对我不错，人也挺好的。只是到后来，他在进入社会后竟然那么不堪一击，我很绝望，加上我好好想了想父母的话，觉得他们拒绝 K 是有道理的，最重要的是，我也终于想通了。"

看到表姐现出幸福满足的笑容，我真的替她高兴。

04

"你以后谈恋爱，一定要找个上进、踏实的男生，还有就是，好的婚姻需要父母的祝福。如果他们真的很反对，你自己要好好审视一番，千万不要被不成熟的爱冲昏了头脑。"这是表姐给我的建议。

如她所愿，我也是这么想的。

我和闺密也讨论过这个问题。她说："如果以后你带回去的男孩子，你爸反对你们结婚，你会坚持吗？"

我说："不会，我会问我爸不同意的原因，然后在心里认真想一想，实际情况是不是和他所说的一样。我会听从我爸的建议，因为他看人一向很准，至少比我客观。"

小时候，我爸让我多穿一些衣服去上学，我偏不听，结果上了一天学之后，我就感冒了。

上初中时，我在学校被人欺负了，欺负我的人让我买什么，我就给她们买什么。我爸要去跟我的班主任反映，我不敢惹她们，我让我爸别管。我给她们买了很多东西之后，她们却变本加厉地欺负我。最后，我爸给班主任打了个电话，又嘱咐了一下跟我同校的表哥，后来再也没有人欺负我了。

上大学时，我特别想跟朋友在暑假一起去深圳打工。我爸那时总说外面的世界太复杂，骗子太多，把我留在了家里，不让我去。结果，朋友们去了几天之后就都回来了，而且每人差不多都被骗了五百元，来回的车费还不算。

过去的这些经验告诉我，我爸比我更明智。他经历得多，遇事时考虑得更周全，而且他做的决定一定是为了我好，在婚姻这件事上，也肯定是如此的。他会很认真、很全面地看清一个男孩了跟我在一起是不是真的合适，如果最后我爸还是说"不"的话，我会尊重他的决定。

比起在口头上给我承诺的男孩子，我更相信父母才是真正想让我幸福的人，他们设下门槛，只是为了帮我找一个更踏实、更适合一辈子在一起的男孩子。

　　婚姻是两个家庭的事情，我考虑的不能只是有没有爱，还需要考虑更多的问题。如果父母真的很反对一个男生和我在一起，我不会急着跟父母吵架，我会跟他们好好沟通，好好听听他们的想法，然后再做决定。毕竟，有父母祝福的婚姻才会更圆满。

有一种爱，叫作"我不想让我爸担心"

01

一直以来，我为了不让我爸担心，都在尽力把生活过好。

今天看电视剧《欢乐颂》，其中的一个镜头无端戳中了我的泪点。然后，我就随着剧情一直在哭。我曾总结过，一般能够让我感动的剧情，要么真的是很深情、很感人，要么就是我经历过同样的事情，有了认同感。我这一次的感动，属于后者。

剧情很简单，就是一个女孩子邱莹莹因为做错了一些事，被公司辞退了，而此时的她又正好失了恋。在接到人事部通知的第一时间，她就打电话给她爸爸，并哭着说："爸，我失业了！"在此之前的一个镜头是，她爸爸正在家乡——一个小城镇，帮别人修摩托车。他穿得很朴素，是个普通的修车工。在接到女儿失业电话的那一刻，他忙着安慰她："别难过，没事的！"

然而剧情推进到这里并没有停下来，编剧是个高手，Ta不只是想用父亲在小城镇当修车工与女儿在大城市瞎折腾来进行对比，来让我们有所感触，Ta更想让我们思考。

晚上，邱莹莹给合租的姑娘们打电话，结果大家都有别的事在忙。当她一个人默默地坐在出租屋里哭泣时，她爸爸来了。她爸爸进门的第一句话就是："莹莹，你怎么了？我特地坐最后一班车赶来的。"邱莹莹抱着爸爸，哭着。爸爸安慰她说："你吃饭了吗？我饿了，我去给你做吃的吧！"

然后，父亲在小厨房里烙着饼，女儿在旁边吃着，女儿还很"凄凉"地说："爸，我想跟你一起回去了。这个城市太大，我没有工作，没有钱，还要交房租，等你走了，我也没有吃的，还要挨饿。"其实，听到邱莹莹说这句话的时候，我觉得她真有点没心没肺，但是从另一个角度，又很理解她。

上海那么大，却没有她的容身之所。爸爸是她最后的支撑，她只能拼命地把自己的烦恼跟父亲说，也许是有所埋怨，可更似撒娇。

毕竟，她只是个刚刚毕业的女孩。她本生活在一个小镇上，现在却要一个人在上海打拼，她还没有完全了解这个社会的规则和冷暖，还会胆怯和害怕，还会因为一点委屈哭鼻子。

爸爸一直安慰她，他说："你不能回去，你回了小城镇，一辈子就是那样了。在大城市里，你有机会见大世面，你不能一有困难就打退堂鼓。"

第二天，爸爸带她去书店买书，说不管什么时候都要好好学习，要坚持。临走时，爸爸掏出一个信封，说里面有三千元，不够花再跟他说，砸锅卖铁也不会苦了女儿。邱莹莹送爸爸上车时，爸爸满眼都是不舍和放心不下，女儿也是很难过。

这是小城镇姑娘的真实写照，没有一般电视剧里面的浮夸，不是遇到困难了，父母可以一下子就往你银行卡里打个几万甚至几十万。在现实生活里，虽然只是三千元，却是小镇父母一分一分攒起来的，这笔钱数额不大，可是对他们来说也是来之不易的。

这就是父母的爱，从不能以钱多钱少衡量。在你有事的时候，你的朋友们不会因为你难过就丢下自己的事来陪你，但你的父母会。

02

父母对我们的爱就是这么无私，只要我们在电话里透漏一点不开心，他们就会很担心，会不顾长途奔波只为看我们一眼。

所以，很多时候，我不想让我爸担心。

我第一次发现爸爸也不是万能的，是在大一开学前一天。晚上九点多，我们去火车站退票。事情办完了，爸爸用他的摩托车载着我，准备回家。摩托车在转弯时，不小心把后面的电动车撞了一下。那个男人虽然一点事都没有，却不依不饶，就是想讹钱，非要让我们赔几百元才让我们走。

我爸竟然不断跟那人说好话，赔不是，说是明天要送孩子上学，赶时间，请他让我们走。

对方却拉着我爸，不让我们离开。

我当时很生气，要是我有钱，我可能就给他了，而要是我有能力，他也许根本就不敢讹。可我是一个学生，什么都没有。而爸爸既不想跟那人争执，又不想让人白白讹诈几百元。

最后，那个人说实在不行就报警。我在旁边插嘴说："我们班一个同学的爸爸就是警察局的局长，你要是报警，我马上给他打电话。"他没准是被我的话给吓着了，或者是有什么别的原因，最后要了一百元，算是了了，我爸为了赶时间，也就这么认了。

在回家的路上，我一直在想：我爸在我眼中本是超人，可是他也有无能为力的时候，我得不断努力，变得强大，才能让他少操点心。我不愿意让他太为我担心，我会心疼，我想保护他。

03

大一开学的那天早上，爸爸从一个小城市把我送到了学校。安顿好了我之后，下午他立马返程回家了。他也是头一次来我的学校，我好想送送他，可是我爸怕我不熟悉路，硬是让我回了宿舍。爸爸一直望着我走进了宿舍才离开，我却不敢回头，我怕他看到泪流满面的我，他会担心我，会放心不下我。

我不知道我爸这趟回家之路是否辗转，在他回家路上的那三个小时里，我趴在床上大哭了一场，我竟然那么担心他。

父母爱我，我也爱他们。我终于知道了担心一个人的滋味，担心比牵挂痛苦多了。所以，不管走得多远，我都不想让我爸担心。

我还记得，那天中午吃饭时，没有影视剧里的大餐，而是爸爸带我去食堂，用饭卡刷了两份饭，我们边吃边聊。我是一个特别会为未发生的事担忧的人，当时我心里想的是，吃完这顿饭，我爸就要回家了，我就要一个人面对这里的一切。吃饭过程中我没有多说话，我怕我一说话就会露怯，就会哭出来，那样的话爸爸心里会更难受。

整个吃饭的过程中，爸爸说的最让我印象深刻的一句话是："学校的饭菜还行，整体环境也可以，你要好好读书，有什么问题就跟爸说，千万要照顾好自己，不要让爸爸担心。"

我不想让我爸担心，所以我才要这么坚强，这么勇敢，这么努力。

04

为了不让我爸担心，在很难的时候，我都会咬牙坚持。不管是不被理解，还是莫名的痛苦，我竟然一次次地扛了过来。通常，在难关差不多快要过去的时候，我会扫电话跟我爸说，我最近经历了一些难事，不过幸好我成功解决了。

当遇到各种难题时，我都会一个人默默地啃书，一来是想在书中寻求安慰，二来也是想通过看书让自己变得更睿智。我会用书中看来的道理安慰我爸，也安慰自己。他看到我这么豁达，也就不再担心了。

其实，不让爸妈担心，就是为了让我们自己更加心安。

之前，我度过了最难的一段时间。那段时间里，我发现所有人、所有东西都无法宽慰我。我突然特别怀念小时候睡到自然醒，妈妈准备好饭菜，爸爸拉我起来吃饭的那种满足。

我一心想回家，待在父母身边，哪怕做几天的缩头乌龟也好。

于是，我回家待了四天，而爸妈并不知道我有什么不开心的事，我就这么赖在家里，赖在我的被窝里。过了四天"衣来伸手，饭来张口"的日子，我明白了一个道理：**家永远是我心灵的栖息地，父母永远是我坚实的依靠。不管多大，在他们眼中我永远是孩子；不管在外面遇到什么麻烦，一回到家，我总会感到阵阵暖意。我永远不是世界的弃儿，父母总会给我前进的动力。**

我清楚地知道我爸特别爱我，如果我说我在外面过得不好，他肯定会像电视剧里的那些爸爸一样，连夜赶过来看我。为了不让他有这种担心的时候，我要努力让自己过得很好。

那些北漂族，那些在外地默默奋斗的上班族，每次跟父母打电话时都会说："我在外面好着呢，住的地方特别好，吃得也特别好，你们不用担心。"其中的那句"你们不用担心"，除了是对父母的爱，也是用来鼓励自己的。内心的潜台词是，我要努力打拼啊，我要混出个样子来。

"我不想让我爸担心"，所以我从来报喜不报忧，所以我要拼命地活成不会让他担心的样子。

　　你也要为自己去奋斗，在你坚持不下去的时候，也请你想想，你从来不是一个人，你还有会为你担心的父母。

我想成为你们炫耀的资本

01

总有那么一些人，让你想努力成为他们的骄傲。

曾有人问我："文，你这么努力，为了什么啊？"

我说："你是要听真话，还是假话？"

她说："当然是真话了。"

真话就是，我这么努力，只是为了争一口气，为了成为我家人的骄傲，为了让喜欢我的人骄傲。

02

我爸是他们家族里年龄比较小的，加上我是爸妈结婚好几年后才盼来的，所以在整个家族里面，我是我们这辈人里年龄最小的。

小时候，妈妈总是对我说："你要好好争口气，好好努力，考个好大学，找份好工作。"

那时，我不是很懂"争气"这个词。

小时候，我很听话，总是很认真地点头，并且告诉妈妈："我知道的，我会努力的。"

一直以来，我都没有很深刻地理解"争气"这个词。我不知道，我们究竟为什么要"争气"？去年，一个亲戚的儿子结婚，爸爸让我和他一起去这个亲戚家吃酒席。

在这之前，我一直不喜欢参加这样的活动。在一群叔伯长辈面前，我会觉得很受约束。而我爸想的是，别人家办酒席，饭菜肯定不会特别差，这是带女儿去吃顿好的。

围着我们那桌坐的都是自家人。倒酒的时候，几个叔伯互帮互助，热热闹闹的，但是谁也没有跟我爸说一句话，或者是帮他倒点酒。他们全都讨好似的围着一个儿子很厉害的伯伯有说有笑。

等他们彼此倒完酒之后，其中一个叔伯有点看不下去了，过来给我爸倒酒。在这之前，我爸一直没说话，但他心里肯定还是会难过，会觉得被冷落。坐在他旁边的我，都能感受到那种失落。

我妈总是说，我和我爸的性格、脾气都很像，我想他那一刻的内心定然是落寞的。

这顿饭别人吃得热热闹闹，我们却吃得冷冷清清，我心里难受极了。

一个伯伯的儿子厉害，大家都围着他；另外几个叔伯的孩子都已经大学毕业了，工作也都还不错。于是大家互相吹捧着。而那时的我，还只是个一无所有的普通大学生。

我第一次深刻地感受到，大部分人都是现实的，现实得不分血缘，不分亲疏。

那天，我爸总是顾着我，给我倒可乐，给我夹菜。刹那间，我好希望自己以后也能混出头，只是为了替他争口气。

我爸是一位老师，其他几个叔伯只是传统意义上的农民。之前，他们还会开玩笑说我爸是文化人。他们的孩子过去在学校读书，需要我爸帮忙时，他们也一直是客气的。

在我的记忆中，我爸爸一直都是被人尊重和看重的。

可是后来，他们的子女参加工作了，工作也还不错，就开始看不起我爸了，觉得他只是个穷教师。

从那天开始，我就在心里一遍遍地对自己说："**我一定要混出头来，我要成为我爸妈的骄傲。**"

我的想法很简单：我希望以后我爸妈在外面谈起我时，能够满脸自豪；我希望别人听了我爸妈谈完我之后，能够真心地觉得"老文家的闺女真厉害"；我希望以后不管我爸妈去哪里，别人都会热心以待，巴结也好，奉承也罢。我就是想成为他们炫耀的资本。

我想赚很多的钱，不让我爸妈在以后因为没钱被人看不起，我要用自己的方式，向那些人证明——老文很厉害，因为他的女儿很棒。

03

过去，我往杂志社投稿，留的地址都是家里的。每次我爸翻到我写的文章，总是开心地说："这是我女儿写的！"

近来，我在网上写文章，被更多的人认识，文章被思想聚焦、十点读书和二更食堂这样的微信公众号转发。这些，我并没有告诉爸。等到我被邀约出书时，我才跟他说："爸，我要出书了，正在谈合同，发给你看看。"

那天，他很开心。我虽然看不到他的表情，但隔着电话，也能够感受到他开心无比。他跟我说："注意身体，保护好眼睛，别太累了。"又说："加油，好好写，做好自己就行，别太有压力。"

前段时间，跟表哥聊天，我说："在写作初期，我没敢告诉身边的任何人，我只是一个人闷闷地努力，我怕说了，结果没干出点什么名堂，会丢脸，会被别人嘲笑。"

表哥说："所有的亲戚里，没有谁可以像你一样写出这么不错的义章来，我们现在都替你骄傲。我会很高兴地和别人说，我妹妹的文章写得真的不错。你不要有太多顾虑，我们是你的亲人，永远不会笑话你，会永远支持你。"

除了我的家人如此鼓励我的努力外，还有我的老师。

读高中时，我有个特别喜欢的老师。高三那会儿，因为压力大，我趴在桌子上偷偷地哭，刚巧被细心的他发现了。老师把我叫到教室外面，尽力安慰着我，并且跟我讲了一些缓解压力的方法。

那一刻，我有一种被关心的感动。后来，老师给了我一个"学霸"学姐的联系方式，让她跟我讲讲大学生活，这是在变相鼓励我。

其实，还有很多看好我的人，很多支持我的人，他们一直在支撑着我前进，而他们也是我最爱和最想保护的人。

我曾发过一条微博：唯有温暖与爱让我们活下来。爱我的人和我爱的人的支持让我更加坚强，我想让自己变得强大，变得更好，然后回到他们身边，成为他们真正的骄傲。或许，这是我保护他们的另一种方式。

这个世界还有温柔，值得我们去善良

01

前几天，赶上了武汉的开学潮，火车站、地铁、公交到处都是人，那拥挤的程度，简直比十一黄金周的旅游景区还火热。

我背着行李，一边走在人海中，一边跟"小清新先生"发着脾气。出了地铁口，打不到车，且离公交站还好远，又累又热的我，开始撒起泼来，赌气似的把箱子推到了一边，说："我不走了，我就要在这里等车。"明明知道在这里等不到车的我，只是找个借口发火罢了。

"小清新先生"不生气，也不恼，对我说："这里打不到车的，没有明确的标识牌，而且返校的人又那么多，你把箱子给我，你就只背个书包好了。"

因为天热，因为人多，我很情绪化，我也知道。然而，很倔的我，偏偏不肯把箱子给"小清新先生"，因为他前几天生病了，连续挂了好几天吊瓶，我怕把他累坏了。

"小清新先生"没理会我是否愿意，一把夺走了我手中的箱子。是的，他是从我手中抢走的。他一手拖一个大箱子，背着一个大书包，还带着因为感冒而格外明显的鼻音跟我说着话，哄着我，不断劝我不要生气、不要烦躁。

那一刻，我很想哭。一是很累；二是觉得自己不该带着情绪向他乱发火，心存愧疚；三是有点心疼他。

因为打不到出租车，我们只好去公交站等车。因为懒得动，我没有把双肩包放下，就这么一直背着。慢慢地，我感觉肩上的双肩包变轻了。我回头一看，发现"小清新先生"用手在帮我托着书包。

这样的举动，让我挺感动的。

因为他是"小清新先生"，因为这是爱。

也许有人会说，他是你男朋友，帮你提箱子，帮你拿书包，这不都很正常吗？

是的，男朋友帮女朋友，在我们的认知里，似乎都是理所当然。可是"小清新先生"对我的每一点好，我都记得，并且会留在心里感动自己。

因为喜欢他，我会认真地做一个善良的女孩。我的初衷很简单，如大多数恋爱中的女孩一样，我只是想让他知道我很善良，我很好。

因为爱，我愿意去对这个世界善良。

02

我和"小清新先生"不在同一所大学。

那天，他等我上了开往我学校的公交车，才去等自己的车，而在我上车之前，开往他学校的车已经过去了好几辆。

只有一路公交车直达我的学校，等车的人很多。上车后，我只有两只脚站的地方。然后，伴随着一路的红绿灯和走走停停，我的身体前后晃动……无数次反复之后，我只有无奈。

忽然，旁边一个女生很善良地对我说："你站不稳，就抓住我吧！"我一愣，也不知道该怎么去抓那个女生，而她竟伸出自己的手，握住了我的手。就这样，她一路紧紧地抓住我，就像小时候好朋友手牵手那样。因为抓得太紧，她手心都出汗了。

很神奇的是，被她抓住的我，不摇摆了，我们开始聊起天来。我知道的信息并不多，她是我们学校外国语学院的，她家是荆州的，她是赶了早上七点的车过来的，她长得挺漂亮的。

临了，我都没有问她叫什么，或者联系方式是什么。我不是那么容易自来熟，觉得问这些会很唐突。快下车时，我反手从背包里艰难地摸出一瓶牛奶给她，对她说："谢谢你，今天因为你，我来学校的旅途轻松了许多，也没别的好感谢的，就请你喝瓶牛奶吧。"

她有些不好意思，推着说不要。

最后，她终于不再推，因为我跟她说："我为你的善良感动，请你接受我对你善良的感激，希望以后我能跟你一样，可以尽自己所能去帮助别人"。

真正地被别人帮助过之后，我才清楚：当我们处境艰难时，有时迫切地需要别人的帮助，这些帮助对我们来说是雪中送炭，哪怕看上去只是小事。

而这个世上真的有许多很善良的人，我们要相信，并且也去做一个对社会充满善意的人。

03

我们对别人多一些帮助，别人也能对我们或我们爱的人善良，所以这个世界还有温柔。

大一寒假回家，正好遇上一些民工返家。

我一个人提着箱子下楼梯，一个走在我旁边跟我爸差不多年纪的大叔，跟我说："小姑娘，我帮你提下去吧！"

当时，他提着我的箱子，我还带着警惕心在想："我不会遇到坏人了吧？他不会直接把我的箱子提走吧？"

下了楼梯之后，大叔把箱子递给了我，我除了说了声"谢谢"，心里还有点愧疚。

回家后，我跟我爸妈说起这件事。我妈说："世上还是有好人的啊！真是要感谢别人，素不相识，却愿意主动帮你。"

这让我想起小学六年级时发生的一件事。那时，我需要住校，爸妈担心我会被欺负，或者不适应。

有一次，我和我爸一起在公交站等车。那天是星期天，是初中生返校的日子。一个男生站在我爸旁边，裤子后口袋里的二十元很明显地露了出来。我爸发现之后，拍了一下那个男生，说："同学，你后面口袋里的钱露出来了，放好了，免得丢了。"

下车后，我非常好奇地问我爸，为什么要提醒那个男生？我爸很认真地对我说："因为二十元是一个初中生一个星期的生活费，丢了会很难过，所以我提醒他，帮他一下。希望以后你上学或工作遇到麻烦时，也能碰到愿意帮你的好心人。"

后来，我慢慢长大了，离开了爸爸身边，可他还是总爱帮助一些跟我差不多大的孩子。而我一直以来运气也很好，一路走来帮助我的人很多，如果真的是善有善报，大概都是我爸为我攒的福。

这个世界上，总有善良的人，也总有好人帮助我们，世界对我们并不差，值得我们去善良。

04

我有一个学姐，每次看到街上乞讨的人，都会给他们些零钱。有人跟她说："这些人很多都是骗子，你这样做，会助长他们懒惰的习气。"

学姐说："我相信他们真的需要帮助才会乞讨，如果是假的，我也替他们开心，因为有我这样的人，他们的生活才过得没那么难。"

学姐说的话，一直留在我脑海中。

学姐还说过，我们要去做一个善良的人，用自己的小太阳去温暖别人，我们也会被别人温暖。

当然，在我们得到别人帮助时，请记得真诚地向别人表达你的感谢，哪怕只是一声"谢谢"。

感谢别人对你的帮助，用感谢回馈别人，让那些善良的人相信自己对别人的帮助是值得的。

我始终相信，这个世界上善良的人很多。因为这个世界对我们还有温柔，我们就要用善良回馈这个世界。

我很羡慕围着一张桌子吃饭的他们

01

昨天晚上，我将近七点才去吃饭，卖煲仔饭的店隔壁是一家包子店。

在等我的西红柿鸡蛋煲仔饭时，我看见包子店的老板往桌子上摆了好几道菜，然后喊他店里做兼职的两个姑娘一起过去吃饭。一共四盘菜，其中一盘是鱼。

他们四个人围着一张桌子吃饭，手里端着的是我们在家里吃饭的那种碗，我突然羡慕得不行。

离家久了，在外面吃饭的机会越来越多，吃过很好吃的东西，也见过各式各样的碗盘，而我最爱的还是妈妈做的饭菜，而且用的是普通的家用碗盘。

一家人坐在一起，桌上放着几盘家常菜，有吃有笑，说着世间的趣事，爸妈偶尔给我夹一些菜，这是多么有爱的画面。

02

记得以前，在周末的早上，爸爸偶尔会去街上买点新鲜的肉回来，妈妈给我们做瘦肉汤喝。妈妈做汤时，火候掌握得很好，汤很鲜，肉很嫩，每次我都把那满满的一碗汤喝完。

那时我还小，妈妈先给我的小碗满上，再给我爸的大碗也满上，我们碗里的肉很多，她自己的碗里通常只有汤；等我长大一点了，我的饭碗也变大了，于是我开始吃最大、最实在的一碗，我爸第二，妈妈还是最少的。吃饭时，妈妈把汤端出来了，爸爸总把他碗里的肉往妈妈碗里夹，我总是把自己碗里的夹给爸爸，而妈妈总是说"不要"，说"有"。

那时，我们一家人围在一起吃饭，聊着家长里短，想尽可能把好吃的跟彼此分享，那种感觉真好。

后来，我读初中、高中，基本都在学校吃饭。学校食堂的东西不好吃，我经常跟我爸抱怨，然后爸妈每个星期都会用保温桶送吃的给我。室友都好羡慕我，羡慕我爸妈对我的好。有时，爸妈会一起来，我们仨坐在学校树荫旁的小板凳上，他们看着我吃他们带来的食物，心满意足地笑着，随意问我一些学校的事。

我在吃他们带来的东西时，我很调皮，故意说这块肉好肥，然后喂妈妈一口，再喂爸爸一口。

那时，我觉得学习很辛苦，生活很辛苦，总希望能够在家里和父母坐在一张桌子上吃饭。爸妈怕我在学校吃不惯，怕我太想家，特意把家搬过来，陪我吃饭，现在想来，真的很幸福。

有父母的地方就有家，和最爱的爸妈一起吃饭，是最幸福的。

每次放月假回家，妈妈都变着花样做饭给我吃，似乎想要把我喜欢吃的菜都给我做个遍。

高二那年，我爸肠胃不好，粗心大意的我当时并没有发现。我只是觉得我爸每次吃饭时碗里盛的饭越来越浅了，吃得越来越少，也越来越瘦。后来，一个星期六，我妈来学校给我送饭，她说我爸有事，他下次来。而下一个星期，我妈把我带到了医院，说我爸上个星期动了个手术，这个星期好得差不多了，他想看看我。

这时我才知道，上个星期六，妈妈给我送饭的那天上午，爸爸刚刚做完手术。怕我看到他虚弱的样子，他不许我妈告诉我，等到他的情况好点了，才让我妈带我来看他。

生病了不告诉我，因为怕我担心，让我妈去陪我吃饭，因为怕我孤单，这就是我爸。就算很忙，也要尽可能给闺女做好多好吃的，这就是我妈。我最想的是永远和他们一起吃饭。

03

后来，我上大学了，努力每个月回家一次。即便这样，妈妈还是觉得我回家的次数太少。每次回家之前，她就让我爸打电话问我想要吃什么，然后做好等我回去吃，她总是在短短的两天时间里，将她能够想到的好吃的菜全都做给我吃。

每次回家，凡是她做的我都吃，才不管什么减肥不减肥。因为我越是长大，她越是觉得能为我做的有限。我把她精心准备的饭菜都吃完了，她会觉得很开心，因为她会觉得自己终于为我做了点什么，至少我爱吃她做的饭菜。

以前，我会在每个星期的星期五、星期六和星期天晚上七点左右给家里打一个电话。周末，爸妈放假休息，我怕他们孤单，就在那几天打电话给他们，说说我干了什么，吃了什么，学校发生了什么有趣的事。这是我为了让他们放心，用煲电话粥替代之前的一起吃饭。

我挣的第一笔"大稿费"，用来请我爸妈出去吃了顿饭。那次，我们一家三口吃的是自助烤肉。当我说带他们去吃顿好的时，他们非常不愿意，说不要乱花钱。我骗他们说，我已经订好了，而且在网上钱都付了，钱是不能退的。于是，他们才和我一起去吃了这顿饭。吃饭时，我看着爸妈一脸幸福地吃着东西，我很开心，我似乎明白了每次我将我妈做的饭菜都吃光时，她脸上浮现出的那种满足。

后来，每次放假回家，我都会带些吃的回去给我爸妈。妈妈很喜欢武汉热干面，我每次至少会带六盒。看着她和我爸一起美美地吃着热干面，我心里美滋滋的。

我的室友曾很不解地问我："那种类似泡面的热干面，一般的超市都有卖的，为什么你还那么大老远地往家里带？"

我说："这讲究的是心意。我不在父母身边，可我记得他们喜欢吃什么，并且每次都带回去给他们，他们会觉得自己在我心里很重要。我在外面，心里记挂着他们，是他们最开心的事。"

04

我曾很没出息地想过，我要一辈子待在父母身边，一日三餐都要和他们一起吃，我永远都不要长大。

现在，我还是很想和他们待在一起，但我更想做的，是好好赚钱，等我有能力了，如果爸妈不愿意工作或退休了，我可以养活他们，而且等他们真的老了之后，不管我在哪里工作，或在哪里生活，我都有底气把他们接到我的身边，就像小时候他们尽力给我最好的东西一样，我要让他们过上最好的生活。

我会带他们去旅游，带他们去高级餐厅吃饭，带他们去见识更好的世界。

所以，我此刻很羡慕那些家人可以一起吃饭的家庭。我很想陪伴在我父母身边。可是为了以后能更好地陪伴他们，我现在只能拼命地用我的方式去努力，去赚钱，去为自己的未来拼出一片光明。

吃，是父母对我表达爱的最简单和最直接的方式。因为爱，他们才用心给我做更多好吃的，这也是我接受父母爱的方式。因为爱，我才会想吃他们做的饭菜，这味道只有自己的父母才能够做出来。

不要让父母在我们面前变得小心翼翼

01

父母对子女的爱，是一种很纯粹的爱。

每次离家，都是新的征途。回家待了一个多月，我最大的感触是，父母在一天天地苍老，如印象中的大树一样一点点变老。还有一个感触就是，父母现在变得很听我的话，对我小心翼翼的，似乎还带着点讨好的意味。

记得小时候，我很怕我爸，我爸不让我看电视，让我去写作业，我根本不敢说个"不"字，马上关了电视，吭哧吭哧地去写作业。

今年过年，我基本每天都会熬夜到很晚。晚上十一点多，我爸关电视睡觉前，总会来我房间用商量的语气说："今天可以早点睡吗？明天早上，我让你妈妈做你最喜欢吃的酸菜鱼头，行吧？"

这时，可能我的文章刚好写到了卡壳的地方，我正烦，我就会回我爸说："行啦行啦，出去吧，去睡觉吧，明天再说。"

然后，我爸总是略带伤感地离开。

有一次，我爸又来到我房间，很认真地问我："你为什么总是像下逐客令，像是在赶我走，我打扰到你了吗？"

那一刻，我心里真的很愧疚，觉得我对我爸好凶，自己是个好差劲的女儿。其实，我爸难过，我真的会很心疼。

前一天晚上他问好我想吃什么，第二天一大早就会做好，生怕我在家时被照顾得不好；他们会像个小孩子一样，带着恳求和商量的语气，让我陪他们一起逛街、一起出去散步、一起走亲戚，又或者只是一起认认真真地吃饭；他们有什么不懂的开始会问我了，关于家里的一些事情，也开始征求我的看法和意见。

总之，父母对我越来越小心翼翼。

02

昨天晚上，我爸给我发了条短信，还是用乳名称呼我："乖乖，你今天不在家了，爸妈觉得冷清了很多。爸妈都不在你身边，在外面你要照顾好自己，做好现在该做的事，其他的事不用担心，有爸妈呢，知道吗？"

看到那条短信时，我哭了，尤其是那第一句话。我还是很愧疚的，总感觉回家之后做自己的事多了，真正陪父母的时间很少，可尽管这样，还是让他们觉得我离开了之后很冷清。我爸跟我发短信，总是喜欢在最后用一个反问句，这应该是怕我不回复他吧，哪怕我最后只回复一个"嗯"，他也会好开心的。

不知道从什么时候开始，我们都以为自己真的长大了，不再畏惧什么了，可父母开始对我们变得小心翼翼。

因为我爸的那条短信，我有很认真地想过这个问题。

上了大学，我们第一次离家远行，爸妈怕我们在外面受委屈，总想着不能照顾我们，他们很是心疼。然后，等我们回家了，他们有心疼，也有亏欠，就开始对我们有求必应，知道我们在家待的时间不长，开始变得小心翼翼的，生怕惹我们不开心，更不会冲我们凶巴巴了，开始变着法子把好吃的都给我们。我们不在家的日子，他们真的很想我们。

所以，他们特别想多陪我们一会儿，而我们稍微对他们表现出一点不耐烦，他们就会很难过，会更加小心翼翼。

我们离家后，独自在外面奋斗打拼，父母不能再像从前一样，为我们遮风挡雨。我们吃的每一点苦、受的每一点累，都让他们心疼，于是他们想尽办法来宠爱我们，想让我们开心。这大概就是父母对我们小心翼翼的开始，以及原因。

03

慢慢地，父母变老了。他们也知道，自己在一天天地苍老。

而我们的翅膀越来越有力，父母怕我们独立后，会渐渐嫌弃他们。对于这样的结果，他们心里十分害怕。于是，他们处处小心翼翼，总想哄着我们开心，让我们还像小时候那样黏着他们。

小的时候，我们什么事情都会告诉他们，越长越大，我们把所有的事情都埋在心里，也不愿意跟他们沟通，甚至在一个月里都打不了几次电话。父母很关心我们，很想知道我们的情况，也很希望我们像小时候那样乖巧。他们心里有了落差，没了那种踏实的感觉，生怕我们不再需要他们，不再爱他们，于是想着法地讨好我们。

我们的父母真的老了，谁也不能否认这一点。年轻时，他们觉得自己无比强大，什么放肆的事都敢去做。而当他们慢慢地老去，越来越多的事，他们再也不敢去尝试，感觉自己似乎正在被这个精彩的世界抛弃。一种深深的无力感攫住了他们，不甘、凄凉和难过充斥着他们的内心。于是，他们开始对这个世界多了几分谦卑，对他们的子女多了几分小心翼翼。我们二三十岁的人害怕变老，只不过是担心长出皱纹，不再美丽如昔。而我们的父母心里更怕变老，因为他们害怕与他们所爱的人、与这个世界渐行渐远。

人越老越会害怕孤独。我们不在父母身边，他们会感到很孤独，等到我们回去了，就想多陪陪我们。可是我们长大了，有了自己的世界，不再像小时候那样父母就是自己的天。有时候，甚至会将父母的关心当成啰嗦嫌弃。于是，父母为了不让我们觉得烦，只能小心翼翼，只能表现出一副讨好我们的样子。

父母的小心翼翼，是他们爱我们的一种方式，他们以此向我
们传递着他们害怕孤独和需要我们。

04

在爱里面，爱得多的那一方总是弱势的一方。这条原则不仅
适用于爱情，亲情也是一样。

父母爱我们，所以才有那么多的小心翼翼。

我们总是有意无意地将最坏的脾气给了最爱我们的父母，尽
管事后我们也很后悔。**在家时，我们对父母不耐烦，离开家之后，
我们就会愧疚。**收到爸爸的那条短信之后，我真的为自己在家时
没有好好陪他们而难过。

我想要补偿他们一下，宽慰他们一下。而此刻，我能做的，
也就是在网上为他们买一些他们需要的东西。

堂姐曾经对我说："等你以后真的嫁人了，你爸妈就孤独了，
他们把全部重心都放在你身上，那时你得给他们买一条宠物狗，
让他们有个寄托。"

一直以来，我都不敢想象这种情景。我舍不得让我爸妈太孤
单。我现在拼命地努力奋斗，就是希望以后我有能力也有底气让
我爸妈离我更近一点，让他们享福。

父母年轻时为子女打拼，年纪大了又小心翼翼地讨好子女，

其实这都是爱，只是父母换了一种爱我们的方式。

我们要对得起父母的小心翼翼。我们可以少刷会儿微博，每个星期多打几次电话给他们，陪他们说说话。有时间，常回家看看。也许，在我们心里，他们不再像从前那样无所不知、无所不能，但我们一定不要对他们不耐烦，否则，我们的父母会害怕。我们要像小时候他们爱我们那样去爱他们。小时候，父母带我们认识世界；现在我们长大了，我们要带父母看世界。父母要的真的不多，一句随意的问候，一通简短的电话，一次短暂的陪伴，都足以让父母幸福无比，温暖他们孤单的生活。

PART 7
未来是靠自己撑起来的

我 哪 懂 什 么 坚 持 , 全 靠 死 撑

我们不必讨好这个世界

01

"长长，我感觉我每天都在讨好我的室友。虽然表面上我们相处很融洽，但我很不喜欢这种感觉，我开始有点恼自己了。"这是一个姑娘给我的留言。

一个学工科的姑娘，作业有时候会很难，最开始不会做的时候，她会去问室友，而这个室友总是爱答不理的，没好气地给她一个百度链接，而对另外的室友却极尽耐心，她心里十分难过。后来，她尝试着与她们拉近关系，分她们吃的，帮她们打水，帮她们拿快递，用这种讨好的方式跟她们熟络之后，室友终于开始回应她的问题。可是慢慢地，她自己都感觉这种讨好的意味越来越明显了。

她心里满是憋屈、懊恼，还有希望被爱。她懊恼自己为什么不聪明点，那样就可以靠自己解决作业问题了，不用讨好她们。她憋屈的是，为什么不管她对她们有多好，她们都觉得这很正常。而她也想被关注、被爱，可是似乎从来没有过。

当看到那条留言时，我对那个姑娘满满都是心疼。我回复了她好长一段话，我跟她说："**姑娘，千万不要总去讨好别人，那样别人会觉得你对他的好很正常。时间久了，你会厌恶这样的自己。**"

作业不会做，室友不帮你，你可以去问班上其他的同学，或者自己在课后多复习，多泡图书馆，总会找到合适的办法。至于室友对你不那么热情，你感觉被孤立了，也没有关系啊，室友不能选择，但是朋友是可以选择的，我们可以去认识志同道合的人，但真的用不着因为这些去讨好别人。

永远不要因为想要维持某种关系，而太用力地讨好别人。

02

或许是性格使然，我从来不愿意因为别人对我不好，就放低姿态去讨好别人，以维持这段关系。

读高中时，我的好朋友只有那么几个。更多的时候，我喜欢独来独往。然后，班上有几个女生会在背地里说我"高冷"。那时，大家都喜欢抱团，而对于形单影只的人，大家很喜欢在背地里议论，会把一件很正常的事看成很不正常。例如，只因为是我做了某件事。

至于具体是件什么事情，我已经不大记得清了。我只记得，结果就是除了我的闺密和两个好朋友外，其他人都孤立我。后来，闺密告诉我说："你总是独来独往，外加一副谁也不怕的样子，让大家不爽很久了。"

几个女生总在背后对我指指点点，而我成绩的进步，也只会更招人嫉妒。

我的闺密说："大家都误会你，你为什么不去解释啊？"

我说："你替我解释得还不够多吗？她们有听吗？"

她说："以后，我跟她们一块玩的时候带上你呗，多玩几次，熟络了就好了，大家总这样误会你，多么不好啊！"

"在她们第一次误会我时，我给那个女生写过一张纸条，解释清楚了，结果她不仅不信，还说我真作，而且把我写的纸条到处给别人看，说我心虚，说我跟她求和。对于这样不讲理的人，我还有必要做什么呢？"最后这段话，我是说给闺密听的，也是说给自己听的。

我知道，只要我稍微讨好她们一下，附和一下，一起讨论一下八卦，一起手牵手上厕所，一起吃饭，一起耍闹，那些对我的孤立都会消失，因为大多数女生的友情就是这样来的。

但我没有像大多数女生一样。忍受着被人骂、被人孤立，我反倒有了更多的时间学习，也学会了独处。被误解自然是挺难过的，但我憋着一股劲，想着：我就是要好好学习，考得好好的，让你们都看看。

所幸结局还不错，我的心愿达成了。

我不愿意讨好，只是因为我不想把我的精力浪费掉。

前段时间，一个朋友突然跟我走得很近，说我是网红，然后总跟我开些玩笑。我不愿意讨好别人，也挺讨厌别人刻意讨好我，像是有所求，加上和他真的不怎么熟，对他真的没好感。有一次，他跟我开了个很恶俗的玩笑，我不太想搭理，也表达了我的看法，接着我刷微博就看到他说："心理素质差，就不要当网红。"

当时看到这句话，我觉得很莫名。我将截图给我闺密看，心里想，他真搞笑，我并不是网红，我只是个普通的"码农"，有些粉丝，我并没有刻意要当什么网红，我没有迎合他的讨好，就被评为心理素质差，真是够奇葩的了。

后来我仔细想想，我们俩的状态，只不过是：他怨我不接受他的讨好，我不喜欢他的讨好。

不要随便去讨好别人，有的人并不喜欢殷勤讨好。别人不爱，你也难受。

03

我这里说的"讨好"，是不要浪费太多的时间和精力在一段无效的人际关系里面。

不要因为别人对你冷淡，你就拼命地对别人好。小时候，只有当你拿吃的分给大家时，才有人跟你玩，而等你没吃的了，他们也就走了。长远看，这段关系是无效的。

我在网上看到一个问答，觉得很好。

有人问："你是从什么时候开始不在乎别人的看法的？"

有人回答："当我意识到别人对我的看法终将取决于我的实力时。"

讨好别人改变不了别人对你的看法，别人对你的看法也是取决于你的实力。

一旦你开始习惯去讨好别人，久而久之，你把自己的喜怒哀乐都交给了别人，你终会讨厌到处讨好别人的自己，而别人也不会珍惜你的讨好，甚至会多几分鄙夷。

我不愿讨好别人，哪怕有一天我真的需要别人的帮助，我也希望是你能够为我提供帮助，而我可以以另一种方式回报你，那是在平等基础上的互助。

别人只是看上去轻易成功了

01

我有一个好朋友L，是一个连女生都想把她当作女神的人。

她天生丽质难自弃，而且她还很聪明。于是，很多事情在她手里都可以很容易被处理好。身边的朋友聊起她时，大家说的也都是："她真漂亮，漂亮真是美好人生路上的通行证，难怪她一切都那么顺利。"

每次听到这样相似但又对L充满羡慕的话时，我只会在旁边笑笑。相比她们，我和L更熟一些，偶尔还会分享一下彼此最近读过的书，讨论一下爱情观或者生活观。因为真正了解，所以我知道L是一个很努力、很拼的美女。

在大家都在拼命准备高考，无暇关注其他时，L已经会在空闲时间看心理学、人际关系学和时尚方面的书。她很用心，会把觉得好的理论记录下来，还挑选了一个很能代表自己心意的本子记录。那时，她还会用书皮把那些书包起来，或是因为珍惜，又或是她并不想让所有人都知道她在关注这方面的东西。

在我们进入大学后，大家都顾着玩的时候，她加入了校广播台和学生会。大一那年，L在广播台也就是写一些烦琐无趣的播音稿，在学生会也基本就是跑腿的，或者做一些大家都很不屑做的琐事。L坚持做了，并且有所成就。因为她不是单纯地抱着完成任务的心态去做，而是想去学点东西。

高中时那个代表自己心意的本子一直跟着她，L并没有停步，继续钻研那些方面的知识，并且将她所学的应用到她的生活和她的学生会工作里面。因为她的努力和钻研，她成了学生会里面出色的那一个，人缘也很好。

她曾跟我说，有一次大家在群里投票选预备党员，她还没搞清楚状况就被告知她因为票数最多被选上了。我当时对她说："这是你努力得来的幸运。"最后毫无悬念，在学生会部长换届的时候，她成了部长；主席换届的时候，她又成了主席。在广播台和学生会都向她伸出橄榄枝的时候，她选择了学生会。

紧接着，因为当了学生会主席，她跟老师的接触多起来了。老师们看到了她的能力，她成了实习辅导员。L跟我说，学校说了，如果她想留校，毕业后可在学校当辅导员，但她打算考研，去学习更系统的知识。

她的美，那是有内涵的。因为生来好看，所以好看，这应该是大多数人对美最实诚也最认可的解释。但是让美丽延续二十多年，也是一门技术活。L是真正的美女，这不仅得感谢她爸妈，也要谢谢自己。

平时，她会去健身房。她自己家里也有小杠铃，为了健身，也为了瘦身；她会有意吃一些低脂但有营养的食物，尽管会错过很多美味；她会研究化妆，随时让自己呈现出美好的一面；为了买到好看的衣服，她会跑好多地方去寻找，她关注时尚。

当然，以上这些，L从来不会刻意跟别人说。通常大家看到的是，漂亮的L身边有很多喜欢她的朋友，真幸运，幸运的L就这样随随便便当了个部长，还成了主席，现在还是实习辅导员，这些都因为她长得漂亮。

我们总是第一眼就看到别人光鲜的一面，却又在听了别人客套的"我只是比较幸运"后，选择相信这是别人运气好，真相却永远被我们的一厢情愿所掩盖。我们不是因为天赋差一点才努力，而是因为努力才更光鲜。

02

大学的前两年，我在很多人眼里算是幸运的。和她们一样，看起来也没怎么努力的我，却什么都得到了。

大一那年，带着高考结束的解脱，以及刚到大学的那股新奇，我和室友一样，上课时拿着手机聊天，下课时不是到处玩，就是在寝室里没日没夜地睡。

大一结束了，同为学渣的我，拿到了奖学金。她们当时并没有觉得我聪明，只是觉得我幸运。

大二的时候，考计算机二级，我跟她们一样，来了学校才开始学，备考十五天，然后考试，我一次就过了，她们都没过。我安慰她们说："我运气好，抽的题简单，你们多做题，也可以过的。"这门功课，许多人都是要考两次才会过的。她们也都说"真羡慕你运气好，抽的题目简单"，并且祈祷下一次可以运气好一些。

后来考教师资格证，她们都去报培训班，我就自己看书自学。报名时，我一次性报了三门，都过了。她们报了两门，也过了。也许是前面几次的铺垫，这时竟有一个室友对我说："真佩服你，我一直觉得你很聪明。"

在她们看来，一切都是因为我幸运。我从没想过要跟她们说清楚我的努力。

大一那年，我认真完成每个老师布置的作业。我记得，社会学老师要我们去采访一位佩服的人，并写一篇文章。在大家都靠想象去写的时候，我正儿八经地去采访我很佩服的那个很牛的学长，然后加上我的感悟写出了一篇论文。那门课，我得了九十八分。

我也很爱玩，但考试之前，我都会认真复习老师所讲的内容，很用心地准备考试。备考计算机的那十五天，我每天都抱着电脑做题。准备教师资格证考试的时候，我把参考书来来回回、认认真真地看了三遍。

我在这里说这些，并不是要说我有多么厉害，我只想拿自己的例子去清楚地论证一个道理：**那些在别人看来毫不费力做成的事，其实都凝结着我的努力，这个世界上没有哪一件事做起来轻而易举。**

03

也许有人会说，努力了就会被看见，那些看不见的努力，是不是你们为自己的幸运找的说辞？

可是，虚荣如我，我花时间、花精力，去努力做成一些事，然后尽可能简略地告诉别人，难道我只是为了让自己看起来可以毫不费力地做成某件事？我真的需要这样的说辞吗？

我努力了，只是没被你们看到而已，所以你们才会觉得我毫不费力地成功了。

关于成功是靠运气的说法，我认可但不认同。的确，运气对某件事的成败可能起着至关重要的作用。但是更多的时候，所谓的运气，只不过是努力的另一个名字而已。正所谓"越努力，越幸运"，单纯靠运气取得成功，好比买彩票中大奖。

人生是公平的，它一直遵循着"天道酬勤"这条古训和规则。你想要成为人生的赢家，你就只能遵循规则。你要坚信，天上不可能掉馅饼，没有多少人生来幸运。

你别忙着去羡慕别人，也别忙着此刻就在心里规划如何努力。

生活里最不缺的就是口头上的励志。规划不是你一时心潮澎湃之后就弃之不顾的东西，你需要在实践中去努力、坚持。只要你用心做好当下的每件事，尽可能提升自己，总有一天，你会成为别人口中的幸运儿。

这个世界上有比"我要赢"更重要的事

01

"五年前，一直想着怎么赚钱，怎么去拼，等到现在我创业成功了，有钱了，却并没有当初想象中那么快乐，反倒有一种失去了目标的空虚感。这种感觉难受极了，这是怎么回事啊？"

这是一个读者问我的，我当时并没有直接回答这是怎么回事，我问他："你最喜欢做的事是什么？"

他说："我很喜欢看书，尤爱古龙、金庸，但是后来忙着赚钱，没有时间，也就没有怎么看了。"

我说："那你先花一个星期的时间去看一本你喜欢的书，然后写一下你看完后的感受。"

一个星期之后，那位读者在微信公众号后台回复我说："长长，我把《笑傲江湖》又看了一遍，好像把身体里那个爱看书的自己召唤出来了。看书时，我很快乐，也很充实。"

成功很重要，但是想要长久快乐地过一生，做自己喜欢的事更重要。

02

人生路上，你想要的东西会很多，想做成的事也会很多，累和乏是很正常的。你想要赢，这也很重要，但是"人生得意须尽欢"，找到自己真正的爱好，拥有自己的真性情，真的更重要。

我高中的语文老师，是学校的副校长。不仅是一个很有原则、很有权威的校长，在教学上，他也是一个很专业的老师。那会儿，我挺崇拜他的。我认真观察过他，发现这个严肃但又挺好的老师，不爱抽烟喝酒，也不喜欢打麻将，唯独喜欢的事是写点文章。

他总是鼓励我们写东西，锻炼表达能力，还经常给我们看他刊登在报纸上的文章。很多，很好。那时，我心里的想法是，在我们那座小城，老师这样的人算得上是半个人生赢家了。因为是副校长，他肯定要忙学校的事，可他还经常写文章，大概真的是特别热爱。

那时的我，不是特别懂"热爱"这个词的真意，也不知道喜欢和信仰对一个人的意义，只觉得他特别喜欢写文章。

后来，上了大学。因为寝室的人际关系和学习带来的压抑，以及自己对未来的迷茫，我感到十分空虚、焦躁。于是，我在网上创建了一个"吧"。每天晚上，我都去里面写下一段话，像写日记那样。很神奇的是，每次把心里的不舒服以文字的形式写出来后，我就会轻松很多。为了给一天一个圆满的结语，我都会在最后写上一句鼓励自己的话。

不久，我就主动去找老师。我说，我想写文章，我还想像在高中时一样，到处投稿。当时，老师回我："写写文章，当个兴趣爱好，挺好的。"

我回他："写文章的时候，我内心是很快乐的，没有任何杂念，而且写完一篇文章，就像是在文字里面与一个放不下的过去握手言和。或许我是真正地热爱它，不知道我写文章的初衷跟老师像不像。但不管怎么样，我都相信文字带给我们的肯定比这些多很多。"

老师没有具体地说什么，但他回我："写文章是一个爱好，也是一种自我修养。"

我看过老师的文章，和周国平的大多散文类似，多是关于人生的看法和态度的。他写的内容，在很大程度上看似是写给别人的建议，但是写东西的人心里都清楚，这些文字更是写给自己看的。

在大多数人眼中，老师已经算是很成功的了，但是他十多年里一直坚持做自己热爱的事。不管多忙，他都会抽出些时间写点东西。我认识他八年了，很少见他抱怨生活，哪怕负能量的话也没听他说过。他的生活过得很充实，家庭和事业都很好。这样快乐的生活，很大程度上是因为他能够找到自己的爱好，或者说他真的是一个真性情的人。

03

　　不论此刻我们的状态是不是人生赢家，找到自己真正喜欢的事去一直做、一直坚持真的很重要。

　　上面那个读者的困惑，我曾经也有。大学刚刚开始，摆脱了高中的紧张状态，也失去了目标，感觉内心一片迷茫，不知道自己能够做什么。每天坐在宿舍追电视剧，那几年新出的几部好看的电视剧，我基本都追过。后来，我又迷上了综艺节目。

　　当时也不知道干什么，就想看看电视剧消磨时间。再后来，升级到看美剧、英剧，还不断地给自己灌输一种思想——我看这些可以提高我的英语能力，所以看得理所当然。

　　白天浑浑噩噩，到了晚上，躺在床上，我会在心里暗暗责怪自己："日子这么虚度，什么事都没做。"那时候，也喜欢在网上看一些鸡汤文，看得激情澎湃，会点赞或者转发。第二天起来，照旧虚度光阴。

　　那时，我总听到一句话："你要找到你的兴趣，做你真正想做的事，然后坚持下去。"

　　那时，我喜欢文字，但没有到热爱的程度。一个个的夜晚，我看了无数的小说，从言情到悬疑推理，再到各类文学书籍，那个阶段，我读了王小波、周国平、亦舒、张小娴、白岩松……

　　一天，我突然想，如果我自己能够写一本书就好了。

　　这是我梦想的雏形。然后，我开始给各家报刊投稿，开始在网上发文章。没想到的是，短短的几个月下来，我的人生竟发生了巨大的改变。

我对文字的感觉，由原来的喜欢上升到了热爱。我愿意去写，加上文笔和观点也都不错，开始有粉丝关注我，也有人找我约稿，直至有人找我出书。

在有了热爱的事，并不断地去尝试之后，我找到了自己的目标，看到了自己的未来，甚至还清楚地知道自己以后会做什么。

最近，不断有朋友跟我说："文，二十出头的年纪，你就可以出书了，你为自己的人生开了一个好头，真是我们这批人里的人生赢家啊！"

我从不觉得我是人生赢家，我也从没有觉得我赢了什么，我只是很庆幸：我找到了自己喜欢的事，找到了热爱的东西，而这些远远比成功重要。此刻，我所取得的一切都是我热爱的文字带给我的。

不是因为你赢了之后，才去热爱，而是你的热爱会推着你走向成功。

我希望不管什么时候，你都能有自己热爱的事，都能坚持下去。做你热爱的事，才能够发自内心地感到快乐。一辈子那么长，没那么无趣，但也不会总是丰富多彩，总要有件你喜欢的事来陪你到最后。

这个世界上有比"我要赢"更重要的东西，那就是找到自己真正喜欢的事，拥有属于自己的真性情。

真正的自卑是说不出口的

01

有个姑娘向我诉说："同寝室的几个姑娘，家里都好有钱，用的东西都是大牌，而我用的都是一些没有牌子的东西。每次被问时，我要么随口用'潮牌'糊弄过去，要么就用'我忘了是什么牌子'掩饰自己的尴尬。虽然我总是拿奖学金，但跟她们在一起，我真的很自卑。"

姑娘又问我："我觉得自己好low（低端），我很自卑怎么办？"

自卑是什么？

自卑是觉得自己卑微，对自己没有信心，是觉得自己和他人相比很差。但是真正的自卑，是说不出口的。

当身边有人比你厉害，比你有钱，比你有才华，你觉得自己的生活跟别人的生活相差很远，心里有了落差，可那不是自卑，那是羡慕。

02

我不是一个没有自卑史的女生，准确来说，我比一般人更懂得"自卑"这个词的含义。

读初中的时候，我是一个胖姑娘，是一个很自卑的胖姑娘。我最讨厌体育课和体检。因为上体育课要跑步，要把胖胖的身体展现在别人面前。那时的男生和女生年纪小，也不懂得考虑别人的感受，个个都口无遮拦，那些形象的绰号让人恨不得有地缝可钻。所以，我恨室外运动，我只想待在教室里，好把自己胖胖的身体永远塞在课桌下。

那段时间，应该是我最自卑的阶段。我特别讨厌运动会，体育委员总会随意将我的名字写在"丢铅球"项目下，似乎我长得胖，我的力气就该很大。我不喜欢体检，因为会称体重，我害怕让后面的同学看到秤上的数字。

每次体检或开运动会，我都会纠结好几天。我会去揣测自己会不会被嘲笑，去想可不可以等大家都测完体重我再测，甚至还想过，在开运动会时，让爸爸来学校替我请假，把我带回家。而我心里面这些真正的想法，从没有告诉过任何人，我一个人默默承受着自己的自卑。

我有时不吃晚饭，我特别怕别人说我是在减肥，我会忙着掩饰说"我不饿，我不想吃"，或者是"我要写作业，等会儿吃"。
在别人吃饭时，我总会躲在一个所有人都看不到的地方，我不想
让别人知道我在减肥，我不想让别人知道我在意自己的胖，因为
我真的很自卑。

初中时，我们开始变得爱美，敏感又在意。我怕被别人说胖，
怕被说长得丑，怕被嘲笑，却又无力应对。于是我总是避开人群，
生怕吸引了别人的目光。那真是一段艰辛的旅程。

03

读初三的时候，认识了一个女生，她总是对我说："文子，我
觉得你的眼睛真的很好看，好想把你的眼睛抠下来跟我换。"她第
一次这么说的时候，我觉得是客套话，可是第二次、第三次、第
四次之后，我对着镜子看，发现自己的眼睛真的很好看。

也许是找到了自己的闪光点吧，我开始一点点自信起来。我
终于敢于承认自己胖了，而承认是改变的第一步。为了减肥，我
开始去跑步，我也开始好好学习。每当心情郁闷时，我就把情绪
转化成文字，当我把自己的想法都写了出来，内心的压力也就得
到了缓解。正是从那时开始，我明白了写作对我的意义。

慢慢地，我也没有那么自卑了。

高中的时候，语文老师鼓励我们写东西，而我不仅文章写得
很好，学习成绩也不错，那时，大家对我更多的是夸奖。而随着

年龄的增长，我也慢慢开始"抽条"了，自卑也在一点一点地从我的身上抽离。

现在，我的一切都还算顺意。当我对周围的朋友说"别羡慕我，其实我之前可自卑了"的时候，她们竟然没有一个人肯相信。

我还是偶尔会自卑，只是建立在自信基础上的自卑，没有那么严重而已，更何况现在还有一个新词，叫作"自嘲"。

我曾暗恋过一个人，远远地看着他时，我会跟身边的朋友说："哇，他好高好帅！"可当他真正靠近我时，我就会装作一副没有看到他的样子。我不敢认识他，于我而言，他是男神，我怕他不喜欢我，嘲笑我。

我现在终于敢正视他了。当朋友问："你有那么多机会跟他认识，为什么不去认识呢？"

"他不会喜欢长得这么真实的我。"这是我的回答。

我很自信，也还是会偶尔自卑，但我一直觉得这很正常。

04

"你那不是自卑，是羡慕，但是我能理解你的羡慕。"这是我对本文开头那位姑娘的回复。

真正的自卑都是说不出口的，你不忍心剖开你的自卑给别人看。所以，不要轻易把你的一切情绪都归结为自卑，其实，那并不是自卑。

　　如果真的很自卑，该怎么办？

　　第一，勇于承认自己的自卑。

　　面对自己的自卑，要敢于接受自己的不完美。我长得胖，是，我就是长得胖，你们说的也是客观事实，没有什么好遮掩的。我现在胖不代表我一辈子胖，我胖不代表我不聪明，不代表我能力不强；我现在没钱，不代表我以后也买不起高档品。

　　第二，看到自己的闪光点，对自己有信心。

　　我一直相信，上帝对每个人都是公平的。也许我没有别人那么漂亮，但我聪明；也许我胖，但我人缘好。人的优缺点都是互补的，不要因为自己的不足而去盲目自卑。你要相信，你的身上肯定有独特的优点，给自己一点信心。

　　第三，哪里不足补哪里，勤能补拙。

　　当你发觉自己自卑的时候，请找出原因，去发现是什么让自己自卑，然后去战胜这种情绪，也去战胜自己。接纳并改善自己的不完美，发挥主观能动性，让自己变得更优秀。

　　至于那位姑娘，我让她主动接受自己不是"富二代"的事实，以更心平气和的态度对待一切，没钱就努力打拼，去赚，用自己挣的钱买自己喜欢的东西，这种感觉不是更酷吗？

　　真正的自卑是说不出口的，真正的自卑感是可以通过调整认识、增强信心和自我努力而消除的。

我很感谢那个混蛋的过去

01

我特别喜欢黑格尔说的"存在即合理"。

越成长，经历越多，我们开始对这个世界多了一些宽容，也学会了接纳自己。我们开始理解身边的人所做的一些事，哪怕很生气，也会在发生问题时找到另一种思考方式，更乐观地面对一切。

有人说："感谢伤害你的人，因为他们让你变得更坚强。"不，我并不想感谢他们，我可以理解他们做的事，可以不怪他们，但也绝不感谢他们。**我会很没有良心地说，我该感谢的人，是在那个混蛋的过去中依旧坚强的自己，那个无畏、被伤害过却还努力生活的自己，还有那些在我困难时依旧陪在我身边的人。而伤害过我的人，我真不想谢，我就算谢了，也不会是真心的。**

我认可"凡是合乎理性的东西都是现实的，凡是现实的东西都是合乎理性的"。我也很感谢过去那段混蛋的岁月，正是因为那一点一滴的曾经，才拼凑成现在坚不可摧的我。

02

周末，小贱约我出去谈心，美其名曰"喝下午茶"。

聊着聊着就聊到了他初恋。他说他的初恋要结婚了，他心里有些不可名状的郁结。然后，就跟我讲起他喜欢的那个女孩儿。

那年，哥们用小贱的QQ号加了一个女孩，说是要介绍给他认识，并用小贱的QQ号跟那女孩聊了很多。小贱拿手机一看，发现哥们帮他跟那女孩聊了那么多，突然不理女孩也不好，就这样一来二去，两人熟络了。

上大学时，没什么钱，小贱平时省吃俭用，等到星期六的时候，就带她去吃一顿好的。他每次去超市，总是买两份吃的，跑去送给她一份。

那时，他们想得很简单，爱得很单纯，觉得以后肯定能够在一起。

想法终究太美好。一个夏天的晚上，女孩突然跑过来跟小贱说："分手吧！"然后，头也不回地走了。

听到这话时，小贱的眼睛猛地红了。

他告诉我说："你知道吗，那晚，我来来回回把那座小城跑了个遍，边跑边哭，心里真难受。"

为了缓解气氛，我开玩笑说："小贱，我第一次发现男生也这么重感情，这么较真，受伤真的也会很难过。"

小贱说："那段时间，我真的很难过。前几天，我看了你发在"朋友圈"的《失恋是场重症感冒，但总会有痊愈的那天》一文，很有共鸣。"

我说："我很明白你的感受。只是我觉得，现在回头看看那些经历，也没什么不好的。没有那段经历，我不会成长，我写不出那篇文章，我对感情的认识也上升不到一个新层面。既然一切已经发生了，不妨换个乐观的角度欣然接受。"

我们大可不必因为一段受伤的感情而耿耿于怀，更没必要把它变成心中的朱砂痣。

在我经历很难熬过去的事情时，我身边有个朋友总会告诉我："咬牙，坚持走下去，以后的你肯定会感谢现在这段岁月，会感谢现在的自己。"

当时，我不是特别懂，而那时支撑我走下去的信念就是，我一定要混得好好的，好让那些对我龇牙咧嘴的人看看，我不是吃素的。真正经历过，熬下去了，才会发现，真正让我咬牙也要坚持走下去的，正是那段混蛋岁月，那也正是它们存在的意义。

在失恋的日子，我哭过，恨过，难过过，甚至诅咒过那个男生和那个代替我的女生。"我一定要比那个女生优秀，我倒要看看她比我厉害在什么地方""等我优秀地站在你面前，我要让你仰望我，你当初没看上我是你眼瞎"，这两种想法我都有过，并且在好长一段时间里一直是以此来激励自己的。

也是因为那次失恋，我知道了女生不能只是学习成绩好，或工作厉害，你也有责任把自己打扮得漂漂亮亮，提高气质，注意谈吐，真正地做到内外兼修，层次要更高一些，你需要懂一些男生心理，外人面前给他们面子，要体贴但又不能太黏人。

爱情并不是考试，它除了看重你的笔试成绩、面试成绩，还要看你的情商、智商等内外修养。这些都是我在一段失败的恋爱中学会的，当年我骂过无数遍的混蛋岁月让我学会了太多的东西。

有人问我："你写了那么多的爱情故事，都是你自己的故事吗？"

我说："有，只是我把我的故事和我的感情揉碎了，再一点点地嵌入那些新故事中，看起来不明显，但也是真实的存在。"

那些混蛋的岁月，并没有我们想的那么狼狈。于我们而言，过去那些不好的存在对现在总是有用的，只是看我们利用的程度罢了。

03

我是什么时候开始跟过去的日子握手言和的呢？

大概是在大一那年，我对很多事总抱有疑问，我总是去图书馆的哲学阅览室，去读西方哲学，也正是在那时才再次遇到"存在即合理"这句话。

之前，我知道这句话，但在图书馆里再见到时，这句话一下子击中了我的心。"存在即合理"，让我为过去无法放下的事情找到了释怀的借口，也让我为当下发生的事找到了另外一个理解的角度。

我已经开始跟社会慢慢接触，更愿意相信这句话了。我相信过去发生的一切，都有它的合理性，相信此刻发生的也是必然的。

人生每个阶段都是一点点拼凑出来的，过去发生的一切、过去做的决定、过去的努力，加在一起，才有了现在的自己。

此刻的我，算不上多么圆满，但有想追求的东西，且还能够为之努力，也有了些经验，我觉得挺好的。而我也知道，成就我的大部分功劳都属于过去，属于过去那段不堪回首的岁月。

现在，我做的一点一滴，也在拼凑着我的未来，我愿未来的我能对现在的我自豪地说："我很感谢那个混蛋的过去，很感谢那个咬牙不曾放弃的自己。"

我没有背景，我就是自己最好的背景

01

"长长，你有没有觉得生活有时特别不公平，越长大越发觉这世上是有阶层的。你以为努力就会有一切，可面对小社会的我，就算成绩名列前茅，也争不过和老师关系好的同学；我若得了奖学金，就会被嫉妒；什么都是班委优先，尽管某些班委都没做过什么实事。经过现实的打压之后，我慢慢明白，这个世界本就是不公平的，生活没那么容易。"

这是我在微信公众号里说"我想听听大家心里话"时，一个粉丝给我的回复。

这是一个关于公平的话题，可我并不想就这个话题说世上的不公平。我只想讲点更现实的。

社会的那杆秤就在那里，我们管不了它向哪边倾斜，也改变不了它的规则，我们能做的就是增加自身的砝码。

02

高三那年，我跟班上的两个女生关系不好，我们吵过架，一直闹得很僵，直到现在，我们也是"老死不相往来"。同学聚会时，她们去了，我就不去。有我的地方，她们也都不会出现。

现在在大街上遇见，我们多半会各自把头扭到一边。

这真的是一段很僵的关系。我们闹僵的原因也很简单，只是女生间很普通的小矛盾，又或者说是几个成绩还不错的女生之间的相互嫉妒。而让问题变得很复杂的，是我们班主任的加入。

她们两个人的成绩稍微比我好一点儿，在知道我们闹僵后，班主任把我叫到办公室，没问缘由，就狠狠地批评了我一顿，硬说我和同学不团结，硬说做错的是我。他还拿出成绩单来对我说："你看看，她们一个第七名，一个第九名，你排第十二名。你不应该天天想着和别人闹矛盾，你要做的是好好学习。"

他说这番话时，我就站在边上哭。当时，我很恼火。我有些怪自己成绩不那么好，而更多的是暗暗恨班主任。我说恨他，一点也没有夸张。

我抱着跟班主任彻底决裂的想法，很直接地对他说："老师，你不就是看她们成绩比我优秀点，所以即便受欺负的是我，即便错的不是我，你也觉得是我错了嘛！如果只是因为成绩，那么你给我看好了，我会证明给你看，我不比任何人差。"

我估计他也没有想到，我这样一个看起来听话懂事又温和的女生竟会对他说出这样的话。他有些意外又有些好笑地对我说："你太有棱角了，我总有一天会把它们磨平的。"

当初的我，真的是太年轻，涉世未深，硬生生地把大家都没敢说破的话给捅破了。我让他尴尬，也让自己更难过。

那天晚上，从下晚自习的十点一刻开始，我被他数落到将近十一点。然后，我哭着走回家，一路不停地擦眼泪。

第二天，我回到教室，我跟闺密讲了昨天发生的事。她说："老师偏心这种事情，我读幼儿园的时候就知道了。不公平本来就存在，你这么大了，这么计较就该被笑话了。"

在闺密的建议下，为了更好地待在这个班，为了长远的未来，我很不甘心地向班主任道了歉，我对他说："昨天我太冲动了，对不起。"

他一副终于把我带上正途的样子，会心地一笑。

03

高考前的那几个月，我一直记得那天班主任对我说的话，还有我的眼泪。那天的事，差不多一个月之后，我才跟家里说。我爸说："我去跟你们老师沟通一下，这一年很关键，不要因为不喜欢老师而影响学习。"

听罢，我的反应很激烈。我说："我才不要你们去用笑脸跟他说好话，他也不值得成为影响我成绩的理由。我会用自己的方式证明给他看，我就是不比任何人差！"

带着目的和好胜心，在最后几个月，我学习更加卖力，效果也不错。五月份的"三模"成绩出来了，我是班上的第四名。班主任找我谈话了，这次主要是鼓励。

他说："你最近进步很大，很不错。今天吃饭时，我碰到你以前的历史老师，他说你在之前的班上是数一数二的，很多老师都知道你，也很看好你，我也觉得你还不错。"

说实话，那一刻我很想哭。为什么？为了这段时间的努力取得了回报，为了之前老师对我的关爱，更为了公平的天平开始朝我倾斜。

高考成绩出来后，我让我爸去办公室拿填志愿用的参考书。毕业后，我从没有回去看过班主任一次，哪怕我回过学校很多次，也去看过其他的任课老师。甚至是在那之后的很长一段时间，我心里的想法还都是，我一定要继续证明给他看，我不差。

这是我与他的一种个人对抗，这让十八岁的我第一次明白什么是社会的不公平。

我知道这个世界上是有不公平的，但我该庆幸的是，最终决定我未来的是我的努力。

04

我们被不公平对待时，需要让自己去努力，去奋斗。

上大学评选预备党员时，跟我得票数差不多的那个人选上了，我落选了。原因很简单——辅导员和那个人熟悉。当时我心里想："真不公平！"

现实对我不公平，可我还是继续写文章。一个任课老师知道我写文章之后，很激动地夸了我一通。在此之前，他根本不认识我这个人，但我用我的方式让他认识了我。他很真心地跟我聊了一下以后的规划，还说很看好我。他一个劲地鼓励我，说是要关注我，要好好看我的文章。

我想，等我的书上市之后，等我更厉害一些了，会有更多的陌生人认识我，会觉得这个默默无闻的姑娘真的挺不错。我在心里偷偷幻想过未来，那时我的机会也许会比其他人多。

一直以来，我都是一个没有什么背景、没什么硬关系，也没什么人关注的女生。我不想整天跟在老师后面，说得好听点，那是帮忙做事、学习经验，说得难听点，那根本就是在讨好。美其名曰"学东西"，真能学到什么东西吗？

我就是没关系、没背景，还不爱主动讨好谁，我就是要凭借自己的能力让天平往我这边倾斜。谁说努力没用？努力可以让我接触到更多的资源，让我无惧这个世界的不公平。

有一回做兼职，一个督导本来应该站在那里当礼仪，结果她嫌累，让我去帮她站班。中午时，我才知道，坐在那里负责签到的人一天挣六十元，她当礼仪一天挣八十元。

我就跟她说："我帮你做了一上午的事，如果你下午还想让我帮忙，今天得给我八十元，不然的话，我就当上午免费帮你，下午我不会帮你了。"她狠狠地看着我，然后去跟领导说我偷懒，说我不愿意干活。我什么都没有解释，默默地待了一下午。

第二个周六，我没有继续去那里做兼职，而那里另外一个管事的，让我星期天继续去做。

为什么会这样呢？

我每次都很认真地推销产品，我能够为他们公司吸引更多的顾客，带来更多的利益。我没有背景，我也没有督导的职位高，可是在兼职的那几个人里面，我是有实力的，我的价值更大。

05

我也许会越来越世故，但我还是希望继续为了自己的信念去努力坚持。因为，懂世故而不世故才是真正的成熟。

或许，我再也不会像对抗班主任那次一样，和别人争执；或许，我再也不会毫无顾忌地去跟上级领导谈条件，像那次兼职一样；或许，我再也不会去急着向别人证明自己。但是未来那么长，我肯定还会遇到很多不公平的事。也许，我会学一些小心机，学会隐忍，学会讨好，我会丢掉自己的不成熟，可我永远不会丢下自己的努力。面对不公平，我不忘初心，我将努力到底。

　　因为社会不公平，我们才要去努力。努力不一定可以换来公平，但可以创造公平的条件，给我们带来更多的机会。

　　等到某一天，真正强大到了一定程度，你就是自己的背景。

我已学着去原谅这个世界

01

有些时候，你只能学着去原谅。

最近，我在想一个问题：生活中有很多让我们动怒的事，我们到底该怎么和这个世界和平相处？

在想这个问题的时候，我突然想起高中老师说过的一句话："**改变你能改变的，接受你不能改变的。**"或许，这句话对当时的我来说，是一句带有哲理意味的话，生涩但有点味道，所以记住了；又或者，只是因为我认同这句话，潜意识里就想深深地记住这句话。

一直以来，我都用这句话自勉。但之前很长一段时间，哪怕我每天都会默念一遍这句话，可等到真正遇到事情的时候，我还是会愤怒、失望、暴躁，而且这种情绪很清晰地写在我脸上。等情绪平复后，我又开始在心里责怪自己——为什么要那么暴躁，为什么不能心平气和地解决这件事。

到了现在，也经历了一些事，也曾歇斯底里地难过，也有过想马上冲出去拥抱每个路人的那种激动和开心。遇到过一些人，被打击过，被夸奖过，也被骂过，现在终于发现，我对这个世界真的很宽容了。

又或者是，我已经学着去原谅这个世界。

02

前段时间，我的一个朋友跑过来问我："你在网上写文章，被各大公众号转载，包括出书什么的，是不是都是你家里人安排的？"

按我以前的性格，听到这番言论我肯定会直接跟那个人吵起来，我会急着大声解释："现在的这一切，都是我自己一点点打拼来的，我家境普通得很，还没有那么大的权势。"

那一刻，我明知道她那样问我，肯定心里就是那么想的，可是我却没有多么生气，我很平静地说："不是的。"多余的，并不想解释。

不是我现在已经宽容到不会对任何人生气，我只是开始慢慢熟悉这个世界的游戏规则。

你会羡慕嫉妒身边的人，但你会崇拜离你很远的人。道理很简单，你不能接受离得这么近的人，却比你厉害很多。你开会用恶语中伤别人，说白了，只是你不能接受自己的平庸。

而对我来说，我只是走得还不够远，也许等到某天我走到她只能看到我背影的地方，她才会觉得原来我真的很拼。

这就像是你取得了一些小成绩，你身边那些朋友、同事，不会特真心地祝福你，他们的祝福中会包含嫉妒，甚至抱怨。不是他们不喜欢你，只是他们不能接受，同在一家公司，你为什么那么幸运地升职加薪，哪怕你清楚这不是幸运，这里面有着你数不尽的汗水。

而这些啊，在我们熟悉游戏规则后，真的就会很坦然地接受。

其实越到后面，越不想解释自己做的一些事，无关痛痒的人，对无关痛痒的事有些误会又有什么关系呢？你信不信都对我的生活毫无影响，我照常可以大碗喝酒大块吃肉。格局大点，视野开阔些，别局限在一个小小的圈子里面。

03

我认识一个女生，漂亮、有气质，还特别有才，家里的条件也挺好，身边从不缺人追，一路走来，顺风顺水。

我和她的一个共同朋友S，每天都在我耳边念叨："要是我跟她一样，有钱又漂亮，还有那么多男生喜欢，该多好啊！"

我白她一眼，说："你真是想得太美。"

其实，S不知道前几天那个女生，打电话跟我哭诉说，她喜欢的男孩子不喜欢她，她的爸妈最近闹着离婚，她其实并不像别人看到的那样快乐。

大多数人眼中的她就像S所看到的，似乎美得没烦恼，还自带光环，无限风光。无数人是那么羡慕她，多么希望来个交换游戏，过一天她过的生活。

可其实啊，生而为人，谁没有一边流泪，一边强颜欢笑的时候？谁的人生会真的是一帆风顺的？

之前，我跟S一样，幻想自己也很厉害，只是突然一天醒来，我就很自然地接受了，这世上总有人比你过得好。我不会去羡慕人家，在我心中：**自己当下拥有的，才是最好的。**

这世上总有人过得比我们好，物质上比我们富裕，精神上比我们充实，这些是我们必须意识到的。有些东西，我们根本无法改变。你要明白任何人都有自己的烦恼，只是烦恼的大小不同，烦恼的缘由不同。我们在拿别人的优点和自己的不足对比时，也请偶尔为自己的优点点一个赞。

我坚信：**有些握在我手中的东西，恰恰是最好的。别人拥有我没有的，而我拥有的，说不定刚好也是对方缺失的。**

04

扶南说过一句话："随着年龄的增长，人总会变得越来越宽容，所以很多事情到最后并不是真的解决了，而是算了吧。"

渐渐长大，长大越发现自己对这个世界越来越宽容，不会再

那么愤世嫉俗。不是我已经被这个世界同化，而是我已经学会该用怎么样的心态面对这个世界。

就像动物世界一样，弱肉强食，适者生存。丛林法则一样适用于我们人类社会的竞争。有分明的等级划分，有贫富差距，也有各种人际矛盾。越长大，看到的越多，就越觉得一切真的很正常。

看到富人大口吃肉，我不会酸溜溜地说"有钱人的生活真是奢华"；看到辛勤工作的劳动者，我会觉得他们的确十分辛苦，却不会觉得他们低人一等。大家都只是用自己的方式在这个世上生活。

还不如坐下来心平气和地想想如何发展自己，你唯一能够管好的也只有自己。就像一个泥潭，你的怨念越深，你越难抽身。

在网上看到的一句话蛮符合此刻我的心境：以前希望做个被全世界喜欢的人，现在只希望做自己想做的事，不过度退让。我有我的底线，也有我的包容，在这个区间里，你就能做我的朋友。喜欢我算你有眼光，不喜欢我，我也不会在乎。

这世上没有绝对的对错，就像《奇葩说》里的辩论，正反两面都说得通。而某一时期曾经伤害过我的小伙伴，我也开始慢慢地放下，也算是原谅那个弱小但又极度偏执的自己吧。

我已经学着原谅这个世界，因为我知道，哪怕世界再残忍，我们依旧可以做好自己，我愿意宽容地对待世上的一切。

希望下次见面，你说"你变得更好了"

01

下次见面，我希望从所有人口里听到："长长，你变得更漂亮、更美好了。"

我希望自己变得越来越好。等下次遇到好久不见的人时，他会夸我变化大，会夸我变漂亮了，夸我气质更好了，又或者是夸我取得了一些成绩。

出于虚荣心，又或者是爱面子，我希望我给别人的感觉就是我越来越好。而为了这个目标，我不敢轻易懈怠。**根据马斯洛需求层次理论来说，我们的需求可以分为生理需求、安全需求、爱与归属感、尊重和自我实现五类。**我这种需求大概就是希望得到尊重，也渴望自我实现。

因为有内在的需求，为了满足这种需求，我们就会主动去努力。如我，希望别人能够觉得我越来越好，也希望自己真的越来越好，就会为此去努力。

02

我跟闺密去逛街，偶遇一个高中同学。起初，她没看到我，我上去拍了她一下，她一脸惊讶地看着我。

我说："柳，你不认识我了？我是文啊！"

她笑了笑说："我真没认出来是你，你变化好大啊，感觉又漂亮了。"

柳称赞我了，我在心里窃喜。我知道我的变化肯定是有的，能够被好久不见的同学发现并称赞，我还是很高兴的。

在回家的路上，我们又遇到了高三政治老师。或许是节假日的缘故，小城里面的熟人似乎都出来了。我跑上前说："罗老师，您还认识我吗？"

老师回答："面孔不认识了，不过你说一下名字，我说不定还是记得的。"

我说了自己的名字，继续问他："您还记得我不？"高中时，班上的同学和罗老师的关系都很好，我们经常和他开玩笑，所以，我今天跟他说话也像朋友那般随意。

罗老师思考片刻说："你是文，我记得你啊！七班的，艾老师是你们的班主任，你高考语文考了全市第一，对吧？你的名字我是记得的，只是你变化挺大的，变漂亮了，也成熟了，所以我有点不认识了。"

我站在路边和罗老师聊了几句，谈了我的现状，以及个人的打算。他连连称赞说："文，你现在真的挺不错的，规划也很好。我记得以前的你，不爱和人说话，不怎么打扮，也没有现在这么活泼，你越来越优秀了，要继续保持。照这样发展下去，你将来不可限量。"

听到老师对我的肯定和夸奖，我很开心。我知道，老师的夸奖并不全是客套话，因为我知道自己真的进步了。

"老师，今年的下半年，我会再回学校看您的，我希望您再看到我时的第一句话是，你变得更好了，你很棒！"告别时，我这样跟老师说。

03

一直以来，支撑我努力的主要动力有两种：一种是为了让自己越来越好，另一种是为了让大家看到我并不差。

我为什么一直在进步？因为我总是不断地告诉自己"要做更好的自己"，而当别人真诚地说出"你变得更好了"，这就是对我的认可。

为了得到自己的认可，也为了得到别人的认可，我必须努力。

我跳过半年的"郑多燕健身舞"，有人在我耳边说："'郑多燕'不能减肥，我有朋友跳了很久，结果体重竟然升了！"我每天跟着郑多燕运动三十分钟，体重没有多大变化，但是身材更苗条了。

我晚上吃苹果和燕麦，又有人说："你别饿着自己，饿了容易得胃病，我们一起去吃晚饭吧！"我没有与之争辩，我只是默默地坚持着。

后来，我去健身房，去骑单车，去形单影只地跑步……我都坚持下来了。**漂亮是有代价的，或体力上的，或精神上的。**为了身材好，我在跑步机上虐过自己；为了让腿上、胳膊上的肉减少，我举过哑铃；为了看起来更有活力、更有魅力，我学过爵士，练过瑜伽。

外表上的变化，是最直接的，也是最明显的。

再后来，我开始学习化妆和服装搭配，有人问我："我在化妆和服装搭配方面是白痴，怎么办？"

我说："你想要在化妆和搭配方面提高自己，没有捷径，从基础开始学，多看，慢慢积累。"

之前，有一个会化妆的女孩，带我去买了常用的化妆品，也就是水、乳液、BB霜、眉粉和睫毛膏，然后她又跟我说了一下化妆的流程，我也没有记住。是网络帮了我，我去网上找教程，意外发现微博上有很多美妆博主的视频，有时间我就看看，顺便也会实践一下，基本学会了如何靠妆容展现自己的优点，让自己更有活力。

　　至于服装搭配方面，我平时会留心观察别人的搭配，也会看一些时尚杂志和网上的一些搭配攻略。重要的是，我会一件件去试衣服。没有足够的钱买名牌，我就一件件地淘适合自己的。

　　这个世界上没有一蹴而就的事，都需要我们投入时间、精力和耐心，需要我们有一颗想变得更好的心。

04

　　内心的变化，更吸引人。

　　在我想方设法让自己变得漂亮的同时，我也注意提升自己的内涵。一个更好的自己，指的不仅是外在，更重要的是内在。

　　我想成为一个博览群书的人，我想说出让所有人觉得有知识、有文化的话。

　　于是，我看了很多书。我看小说，也看理论书。我一度偏爱心理学方面的知识，认真看了朋友推荐的《乌合之众》，我发现心理学是一门很有用的学问。我也看过经济管理方面的书，印象最深刻的是《管理学原理》和《国富论》，前一本是刚上大学时学长推荐的，后面一本是专业需要和兴趣所在，多看经济管理方面的书，真的可以使人变聪明。我也会看一些文学性的书，例如周国平、白岩松、王小波、村上春树、马尔克斯……

　　军事方面的书，我不太喜欢，就去关心时政新闻。而历史和政治方面的书，我也有所涉猎。

与此同时，我尽可能多地参加一些活动，尽可能去认识一些很厉害的人，去跟他们学习。现在，我跟别人聊天，一般都能够找到共同话题。

为了遵循自己内心的真实想法，我一直努力让自己越来越好，让自己除了长年龄，还长智慧。

下次见面，我希望每一个人对我说的第一句话都是"你变得更好了"。这是为了检验一下自己努力的成果，也是为了听听别人认可的声音。

人生是与孤独相伴到底的旅行

01

你有不能跟爱人、父母和朋友说的话吗？

我有。不是没朋友诉说心事，也不是没时间，更不是因为性格内向，只是有些话不知道该怎么跟别人说。

孤独是什么？是深夜孤零零的一个人？还是想喝啤酒、想逛街时没人陪？又或者是全世界都没有能够理解你的人？

孤独时刻潜伏在我们身边。**真正的孤独，是你知道此生注定会孤独，不管有多少朋友。**

不知道从何时起，我开始慢慢领悟到了孤独，竟开始迷恋孤独的感觉。人生那么长，真的没人会陪我们走到最后，除了孤独。

02

有一次，我和闺密在一起吃饭。我说："转眼发现，真的朋友越来越少，关系好的就那么几个人。"

闺密说："虽说真正好的感情不需要时刻联系，但是想要维系一段感情，那是需要投入时间和精力的。而我们的精力有限，能够长久陪伴我们的，也只能是那么几个人。"

那一刻，我几乎看到了朋友的本质，除了父母和爱人，我们这辈子能够真正交心的朋友，真的只有几个而已。而这几个人，在被时间的洪流冲刷后，还能剩下谁？

随着我们的心智成熟，加上结婚生子，我们除了要考虑自己，还需考虑各自的家庭，我们还能留多少时间和精力给自己的朋友？

有时，我们有那么一些不能跟父母说的话，怕他们会担心；也有不能跟爱人说的话，可能怕说不清；我们本可以和朋友说，可朋友的精力已经不放在我们身上，朋友已经不再是朋友……这种悲从中来的感觉才叫孤独。

这个世界上缺少真正的感同身受，所以我们孤独。

03

我奶奶今年九十二岁，无事时，经常在家门前坐着，一坐就是一下午。侄女曾经问我："太太每天坐在门前干吗？一直发呆，她不无聊吗？"

我没问过她，发呆的时候，她在想什么，也从没有听她说过自己是不是很无聊。有时，和她年纪差不多大的人约她打麻将，她也会去，打一下午麻将，然后回家。她要是输了，心里会难过，会嘀咕好久。

几年前，奶奶还会跟她的伙伴聊聊各自家里的事，或抱怨，或开心。近年，她耳朵聋了，听不清别人说的话，也懒得再去和别人聊点什么，就连打麻将的时候也很少说话了。因为她耳朵不好，家里人一般也很少跟她说话了。她要问什么，家里人总是要用很大的声音回答她。而她要是听到了，又总说别人那是在冲她喊叫。时间久了，家里人也就更少和她说话了。

偶尔，我会陪她坐一会儿，她也会跟我说一些事。她会告诉我，家里有人给她脸色看。她还告诉我，有人冲她骂骂咧咧的。原来，这些她都知道，虽然耳朵聋了，她会看嘴型猜别人说的话。她知道别人在说什么，却装作不知道的样子，毕竟老了，当面说出来又能如何呢？

后来，我总想坐得离她更近一点儿，想开导她几句。

她说："我很喜欢跟你说话，不愧是读书人，你说的话让我心里稍微舒服了些。人老了，需要自己开导自己。"

她孤独吗？我想，她应该是孤独的。

孤独这种东西，不分年龄，是一个欺软怕硬的家伙。年纪越大，人越脆弱，孤独感就会越深刻。

年轻时，她也有自己的爱人，也有自己的朋友，还有自己疼爱的儿子。可是在被岁月的侵蚀后，她剩下的只有日益增长的年纪。能够陪她说话的人越来越少，她越来越孤独。

生活中属于她的，陪她到最后的，也只有她自己，无他。

04

一个人只能与自己相伴，那该多孤独？

你大可不必把人生想得那么悲凉，至少你还有自己。

在我十岁那年，爸妈要走亲戚，要带我一起去，我不愿意。那时，我不知道什么是孤独，也不知道孤独是什么样子，只是很单纯地想："等到爸妈都走了，我就可以趴在床上看一整天的电视，看我喜欢的书，不用做作业。没人管，多好啊！"

小时候，我不怕寂寞，也不怕孤独，因为我的全部心思都放在了吸引我注意力的事情上。

长大一点后，上中学了，我也喜欢和小伙伴手拉手上厕所，一起跑去食堂吃一样的饭，一起回宿舍打水……某一天，我忽然觉得那个和我形影不离的小伙伴，她学习比我厉害，永远不明白数学试卷上前五道选择题因粗心出错的痛，更体会不到被老师提问时哑口无言的难堪。我明白了，我们是不一样的，她永远不会真正懂我。

再后来，我经历过很多只有自己一个人的时刻。老师单独找我去办公室，没有人陪，我怕得要死；高考考差了，烂摊子没有人收拾，还得自己去面对一切，去抉择，那种复杂的心情没人懂；上了大学，第一次面对全新的环境，紧张、激动和害怕的心情没有人可以分享；第一次去实习，行为失当被批评，无法向别人倾诉……

于是，我只能接受——人，生而孤独。

这辈子，我早就踏上了一条没有人陪我走到底的路，其中的酸甜苦辣也多半要独自品尝。

05

我已经慢慢适应了和孤独相处，习惯了一个人去做很多的事。

在大学里，我不想去玩，等室友们都走了之后，我一个人在空荡荡的宿舍里，并没有感到多么强烈的凄凉。

若逢阳光正好，我就把被子移到窗边晒一下。然后，洗漱打扮一番，哪怕只是给自己看。我一个人去食堂，吃喜欢的饭菜，再从超市买点零食，然后回宿舍写文章。我从不规定自己一定要写什么，很随性，写今日的心情，写美丽的太阳……写好后，吃着零食，看两集美剧；晚上再吃点水果和零食，若还是饿，再吃一包泡面；吃好了，去操场跑几圈，回来洗个澡，这时室友们差不多也回来了，我再找部好看的电影，睡前，再看几页书。

这也算是美好的一天，不是吗？

我跟自己相处越久，越是享受一个人的时光。在空闲的时光里做自己喜欢的事情，这样的孤独真好。